服装CAD版型设计及应用

（第2版）

主　　编◎张志宇
副 主 编◎胡美香　崔丽芸
主　　审◎闵　悦

北京理工大学出版社
BEIJING INSTITUTE OF TECHNOLOGY PRESS

内容简介

本书根据作者长期从事服装CAD的教学体验并结合国外的软件制版方法,侧重介绍服装CAD在版型设计、样片放缩及排料等技术方面的具体应用,列举了大量电脑版型设计实例,将服装CAD各种功能融于具体实例之中,使读者能直观看到电脑实现版型设计的每一步骤,并能模仿完成各种样片的电脑制作,方便读者在电脑制版实例中较为轻松地学习掌握服装CAD制版技术。

本书是一本综合性较强的计算机辅助设计的专门教材,适合服装专业人员及服装爱好人员阅读和参考。

版权专有　侵权必究

图书在版编目(CIP)数据

服装CAD版型设计及应用 / 张志宇主编. —2版. —北京:北京理工大学出版社,2020.1

ISBN 978-7-5682-8094-5

Ⅰ. ①服… Ⅱ. ①张… Ⅲ. ①服装设计 – 计算机辅助设计 –AutoCAD 软件 – 教材 Ⅳ. ① TS941.26

中国版本图书馆 CIP 数据核字(2020)第 010865 号

出版发行 / 北京理工大学出版社有限责任公司	
社　　址 / 北京市海淀区中关村南大街5号	
邮　　编 / 100081	
电　　话 /(010)68914775(总编室)	
(010)82562903(教材售后服务热线)	
(010)68948351(其他图书服务热线)	
网　　址 / http://www.bitpress.com.cn	
经　　销 / 全国各地新华书店	
印　　刷 / 定州市新华印刷有限公司	
开　　本 / 787毫米 × 1092毫米　1/16	责任编辑 / 陆世立
印　　张 / 11	文案编辑 / 梁　潇
字　　数 / 230千字	责任校对 / 周瑞红
版　　次 / 2020年1月第2版　2020年1月第1次印刷	责任印制 / 边心超
定　　价 / 33.00元	

图书出现印装质量问题,请拨打售后服务热线,本社负责调换

前 言

为了更加快捷有效地完成各种类型的服装设计，日益完善的计算机软件成为企业与设计师的首选，服装 CAD 给服装业带来了新的生机。从面料设计、款式设计、版型设计、样板放缩到样板排料均在计算机上完成。因此，越来越多的服装专业人员已经意识到学习掌握服装 CAD 技术迫在眉睫。

观摩服装 CAD 制版技术的强大功能常常会令服装专业人员惊讶不已，以往手工操作一组人几天的工作量，用计算机一人几小时便可完成。然而如何得心应手应用这一技术，却是服装专业面临的挑战。尽管每种软件都配有说明书，但均从计算机功能角度介绍各种工具的基本操作。使用说明书对已掌握一定计算机技能的服装专业人员能够起到指南的作用，但在服装业具备计算机基础的专业人员毕竟为数不多，由于单纯的 CAD 工具介绍与最终绘制成的各种款式的样片之间还有一段距离，需要花费大量的时间和精力。因此，大部分服装专业人员会感到望而生畏。本书根据作者长期从事服装 CAD 的教学体验并结合国外的有关软件完成。

本书列举了大量计算机版型设计实例，将服装 CAD 各种功能融合于具体实例之中，使读者能直观地看到用计算机实现版型设计的每一步骤，并能模仿完成各种样片的制作。作者希望借此能为服装专业人员在这距离间架起一座桥梁，使读者能较为轻松地学习掌握服装 CAD 制版技术。CAD 技术是衡量一个国家工业的重要标志，它可以使人们摆脱手工方式的脑力劳动，为人们进入更高层次的创作性劳动提供良好的环境，使企业能以高质量、低价格和更短的产品周期完成对市场的快速响应。

近些年来，CAD技术在纺织行业中的应用发展十分迅速，在CAD系统以及开发应用软件方面取得了一批成果，其中有些系统的技术水平已接近国外同类产品水平。然而，由于缺乏CAD技术人才等种种原因，推广应用的广度和深度很不够。为此，书中列举的制版方法多为比例制图方法。本书适用于服装设计专业学生和服装企业设计人员学习，帮助他们顺利、快捷地进行制版工作。

本书的编写分工如下：第一章、第二章的内容有大连艺术学院服装学院院长张志宇老师编写；第三章、第四章由江西服装学院胡美香老师编写；第五章由江西服装学院崔丽芸教师编写；版型设计图由江西服装学院李晶晶老师绘制，本书内容是作者多年教学经验与实践的经验总结，现将其整理成书出版，以便与读者交流，由于作者水平有限，经验不足，书中难免有不妥之处，衷心希望同行专家、广大读者批评指正，以便我们进一步提高和完善。本书在编写过程中参考引用了一些著作的内容，在此向其作者表示感谢。

编　者

【目录】
CONTENTS

第一章　绪论　1
- 第一节　服装CAD概述 ………………………………………………………… 2
- 第二节　国内外服装CAD发展状况、趋势及前景 …………………………… 3
- 第三节　服装CAD功能 ………………………………………………………… 4

第二章　服装设计及放码系统　5
- 第一节　设计与放码系统界面介绍 …………………………………………… 6
- 第二节　设计与放码系统功能介绍 …………………………………………… 8

第三章　服装CAD版型设计应用　38
- 第一节　服装CAD下装版型设计 ……………………………………………… 40
- 第二节　服装CAD上装版型设计 ……………………………………………… 75

第四章　服装CAD放码系统功能应用　104
- 第一节　点放码工具介绍 ……………………………………………………… 106
- 第二节　女裙放码 ……………………………………………………………… 110
- 第三节　女裤放码 ……………………………………………………………… 116
- 第四节　女衬衫放码 …………………………………………………………… 122

第五章　服装CAD放码排料系统及功能应用　127
- 第一节　排料系统工作界面 …………………………………………………… 129
- 第二节　排料系统工具 ………………………………………………………… 131
- 第三节　服装CAD排料应用 …………………………………………………… 164

第一章 绪论

知识目标

通过本章学习，了解服装CAD的款式设计、结构设计、推挡排料及工艺管理等一系列计算机知识，掌握服装CAD制图的基本常识，电脑制图的要求规范，为后期的服装CAD制图打好基础。

技能目标

1. 掌握服装CAD制图的规则，正确识别使用CAD制图的工具及方法。
2. 掌握服装CAD制版的能力和正确使用服装号型的能力。

思维导图

第一章 绪 论

第一节 服装 CAD 概述

　　CAD 是计算机辅助设计（Compute Aided Design）的英文缩写，而应用于服装设计领域的 CAD 服装 CAD 称为"服装 CAD"，即计算机辅助服装设计。

　　服装 CAD 实现了服装的款式设计、结构设计、推挡排料及工艺管理等一系列计算机化。它的推广和应用，加速了服装产业的技术改革及产品改造。据应用服装 CAD 企业的统计数据表明，应用服装 CAD 后，生产效率可提高近 20 倍，如果再与企业的管理软件、试衣软件等结合起来使用，对企业的生产效率、市场竞争力、经济效益等都具有非常重要的意义。

　　除此之外，辅助领域还有计算机辅助制造系统（CAM）、计算机柔性加工系统（FMS）、计算机信息管理系统（MIS），这些系统组成了计算机集成制造系统（CIMS）。另外，在管理软件方面，还有服装企业的资源管理软件（ERP）。这些与服装系统共同构成了服装行业的信息一体化系统。

第二节 国内外服装 CAD 发展状况、趋势及前景

　　世界上第一套服装 CAD 产品诞生于 20 世纪 70 年代的美国，接着，日本、法国、西班牙、德国等都相继推出了服装 CAD 产品。当时的服装 CAD 软件主要用于解决当时服装工业化生产中的瓶颈问题，即推挡和排料的计算机操作。这些不仅使生产效率得以显著提高，而且使生产条件和环境也得到了很大的改善。90 年代左右，各服装 CAD 软件公司又不断更新，推出了服装结构设计和款式设计等系统，完善了服装 CAD 产品，使款式设计、结构设计、样板制作与推挡排料形成一体，实现了设计的全自动化操作。

　　我国服装 CAD 软件的研究开始于"六五"期间，到"七五"期间，服装 CAD 产品有了一定的雏形，到"八五"后期真正推出了我国自己的商品化的服装 CAD 产品，此时涌现出了大批的服装 CAD 软件企业。国内服装 CAD 产品虽然在开发应用的时间上比国外产品要短，但是发展速度是非常快的。另外，我国自行设计的服装 CAD 软件不仅能满足服装企业生产和大专院校教学的需求，而且产品的使用性、适用性、可维护性、更新的反应速度等与国外产品相比更具有优势。

　　目前，国内外的服装 CAD 产品的应用还局限于二维 CAD 技术，服装样板纸样的智能化和服装 CAD 的三维技术还在进行深入研究，但已取得突破性进展，相信不久的将来会有商品化产品投入应用。随着我国计算机应用水平的不断提高，以及经济规模、管理水平、技术能力、人员素质的逐步提高，我国服装 CAD 技术必将在应用的深度和广度上持续发展，产生越来越显著的效益。

第三节 服装 CAD 功能

富怡服装 CAD 是用于服装行业的专用出版、放码及排版的软件,既可以在计算机上出版、放码,也可以将手工纸样通过数码照相机或数字化仪读入计算机,之后再进行改版、放码、排版、绘图,当然也可以读入手工放好码的纸样。服装 CAD 的功能包括 DGS 自动打版(自由打版,放码)和 GMS 排料两个部分,可实现打版(制版)、放码、排料的要求。

一、服装 CAD 打版系统

服装 CAD 打版系统支持多种制版方式,具有高度互动修改功能,支持可变式工业模板,既可修改版型,又可随时修改部位尺寸或者加减号型,全部由系统自动完成,既省时又省力,可谓"一劳永逸";支持国际上的格式转换(ASTM/AAMA/TIIP/AutoCAD/DXF),具有丰富的特色功能处理工具,使复杂的工艺制作变得简单、流畅;对于特殊的断电、死机,系统提供安全恢复功能,使文件不会丢失;独有的软件说明和视频,在使用过程中可随时查看工具操作方法;可自由组合工具,操作过程更加简洁、智能化,操作更便捷。

二、服装 CAD 放码系统:

服装 CAD 放码系统具有独特的识别放码方向的功能,让放码人员得心应手,提高了工作效率;修改时具有"影子"功能,可以互相比较对照;具有独特的文字、布纹线放码功能,尤其方便内衣、童装用户。

三、服装 CAD 排料系统

该系统用于服装、手套和玩具等行业的专用排料,具有手动式、全自动式、人机交互式三种排料方式。纸样设计模块、放码模块产生的款式文件可直接导入排料模块的待排料模块中的待排工作区内,对不同款式、号型可任意混装、套排,同时可设定各纸样的数量、属性等,做好排料之前的编辑工作。该系统可根据面料、辅料和衬料,或者根据面料的不同颜色将同一款的服装样片分成不同的裁床进行裁剪,且可对格子、条纹、斜纹或花纹的面料进行对条、对格、对花的排料处理。

第二章 服装设计及放码系统

 知识目标

通过本章节学习，掌握工作区界面工具摆放的位置及使用方法，并掌握自由法设计制版方法，电脑制图要求规范，灵活运用工具的能力。

 技能目标

1. 充分理解服装CAD的操作方法及电脑制版原理，培养学生电脑制图能力，达到绘制的结构图比例准确，图线清晰、标注规范的要求。
2. 根据服装CAD的工具，分别操作每个工具的用法，具备每个工具的操作方法都熟记与心的程度。

 思维导图

第一节 设计与放码系统界面介绍

系统的工作界面就好比是用户的工作室,熟悉了这个界面也就熟悉了您的工作环境,自然就能提高工作效率。本服装 CAD 系统的工作界面具有 Windows 界面风格,如图 2-1 所示。它包括菜单栏、工具栏以及服装 CAD 系统特有的纸样列表框。

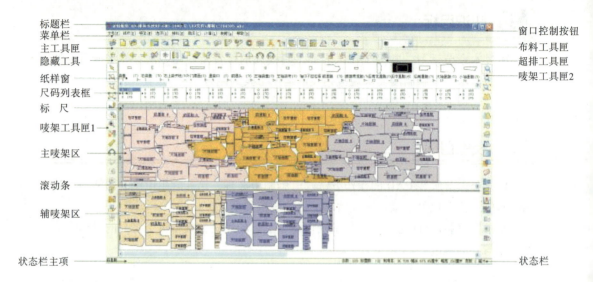

图 2-1

1. 存盘路径

显示当前打开文件的存盘路径。

2. 菜单栏

该区是放置菜单命令的地方,且每个菜单的下拉菜单中又有各种命令。单击菜单时,会弹出一个下拉式列表,可用鼠标单击选择一个命令。也可以按住 ALT 键敲菜单后的对应字母,菜单即可选中,再用方向键选中需要的命令。

3. 快捷工具栏

用于放置常用命令的快捷图标,为快速完成设计与放码工作提供了极大的方便。

4. 衣片列表框

　　用于放置当前款式中的纸样。每一个纸样放置在一个小格的纸样框中，纸样框布局可通过【选项】—【系统设置】—【界面设置】—【纸样列表框布局】改变其位置。衣片列表框中放置了本款式的全部纸样，纸样名称、份数和次序号都显示在这里，拖动纸样可以对顺序调整，不同的布料显示不同的背景色。

5. 标尺

　　显示当前使用的度量单位。

6. 设计工具栏

　　该栏放着绘制及修改结构线的工具。

7. 纸样工具栏

　　当用 剪刀工具剪下纸样后，用该栏工具将其进行细部加工，如加剪口、加钻孔、加缝份、加缝迹线、加缩水等。

8. 放码工具栏

　　该栏放着用各种方式放码时所需要的工具。

9. 工作区

　　工作区如一张无限大的纸张，您可在此尽情发挥您的设计才能。工作区中既可设计结构线、也可以对纸样放码、绘图时可以显示纸张边界。

10. 状态栏

　　状态栏位于系统的最底部，它显示当前选中的工具名称及操作提示。

第二节 设计与放码系统功能介绍

一、快捷工具栏工具介绍

快捷工具栏用于放置常用命令的快捷图标，方便纸样结构设计与纸样放码工作（见表2-1）。

表2-1 快捷工具介绍

图标	名称	功能	操作方法
	新建（N）Ctrl+N	新建一个空白文档。	单击 图标或按 Ctrl+N，新建一个空白文档；如果工作区内有未保存的文件，则会弹出【存储档案吗？】对话框询问是否保存；单击【是】则会弹出【保存为】对话框，选择好路径输入文件名，按【保存】，则该文件被保存（如已保存过则按原路径保存）。
	打开 Ctrl+O	用于打开储存的文件。	单击 图标或按 Ctrl+O，弹出【打开】对话框；在选择适合的文件类型，按照路径选择文件；单击【打开】（或双击文件名），即打开一个保存过的纸样文件。
	保存（S）Ctrl+S	用于储存文件。	单击 或按 Ctrl+S，第一次保存时弹出【文档另存为】对话框，指定路径后，在【文件名】文本框内输入文件名，点击【保存】即可；如再次保存该文件，则单击该图标按 Ctrl+S 即可，文件将按原路径、原文件名保存。
	读纸样	借助数化板、鼠标，可以将手工做的基码纸样或放好码的网状纸样输入到计算机中。	用胶带把纸样贴在数化板上；单击 图标，弹出【读纸样】对话框，用数化板的鼠标的+字准星对准需要输入的点（参见十六键鼠标各键的预置功能），按顺时针方向依次读入边线各点，按2键纸样闭合；这时会自动选中开口辅助线 （如果需要输入闭合辅助线单击 ，如果是挖空纸样单击 ），根据点的属性按下对应的键，每读完一条辅助线或挖空一个地方或闭合辅助线，都要按一次2键。根据附表中的方法，读入其他内部标记；单击对话框中的【读新纸样】，则先读的一个纸样出现在纸样列表内，【读纸样】对话框空白，此时可以读入另一个纸样；全部纸样读完后，单击【结束读样】。
	绘图	按比例绘制纸样或结构图。	把需要绘制的纸样或结构图在工作区中排好，如果绘制纸样也可以单击【编辑】菜单 -- 自动排列绘图区；按 F10 键，显示纸张宽边界（若纸样出界，布纹线上有圆形红色警示，则需把该纸样移入界内）；单击该图标，弹出【绘图】对话框；选择需要的绘图比例及绘图方式，在不需要绘图的尺码上单击使其没有颜色填充。单击【设置】弹出【绘图仪】对话框，在对话框中设置当前绘图仪型号、纸张大小、预留边缘、工作目录等等，单击【确定】，返回【绘图】对话框；单击【确定】即可绘图。

第二节 设计与放码系统功能介绍

（续表）

图标	名称	功能	操作方法
	撤消 Ctrl+Z	用于按顺序取消做过的操作指令，每按一次可以撤消一步操作。	单击该图标，或按 Ctrl+Z，或击鼠标右键，再单击【Undo】。
	重新执行 Ctrl+Y	把撤消的操作再恢复，每按一次就可以复原一步操作，可以执行多次	单击该图标，或按 Ctrl+Y。
	显示/隐藏变量标注	同时显示或隐藏所有的变量标注	用 ![] 比较长度、![] 测量两点间距离工具记录的尺寸；单击 ![]，选中为显示，没选中为隐藏。
	显示/隐藏结构线	选中该图标，为显示结构线，否则为隐藏结构线。	单击该图标，图标凹陷为显示结构线；再次单击，图标凸起为隐藏结构线。
	显示/隐藏纸样	选中该图标，为显示纸样，否则为隐藏纸样。	单击该图标，图标凹陷为显示纸样；再次单击，图标凸起为隐藏纸样。
	仅显示一个纸样	选中该图标时，工作区只有一个纸样并且以全屏方式显示，也即纸样被锁定。没选中该图标，则工作可以同时可以显示多个纸样；纸样被锁定后，只能对该纸样操作，这样可以排除干扰，也可以防止对其他纸样的误操作。	选中纸样，再单击该图标，图标凹陷，纸样被锁定；单击纸样列表框中其他纸样，即可锁定新纸样；单击该图标，图标凸起，可取消锁定。
	将工作区的纸样收起	将选中纸样从工作区收起	用 ![] 选中纸样需要收起的纸样；单击该图标，则选中纸样被收起。
	按布料种类分类显示纸样	按照布料名把纸样窗的纸样放置在工作区中。	用鼠标单击该图标，弹出【按布料类型显示纸样】的对话框；选择需要放在工作区的布料名称，单击确定即可。
	点放码表	对单个点或多个点放码时用的功能表。	单击 ![] 图标，弹出点放码表；用 ![] 单击或框选放码点，dx、dy 栏激活；可以在除基码外的任何一个码中输入放码量；再单击 ![]（X 相等）、![]（Y 相等）或 ![]（XY 相等）等放码按钮，即可完成该点的放码。
	定型放码	用该工具可以让其他码的曲线的弯曲程度与基码的一样。	用选择工具，选中需要定型处理的线段；单击定型放码图标即可。 领窝未采用定型放码　　领窝采用定型放码
	等幅高放码	两个放码点之间的曲线按照等高的方式放码。	未采用等幅高放码　　采用等幅高放码 用选择工具，选中需要等幅高处理的线段；单击等幅高放码图标即可

9

（续表）

图标	名称	功能	操作方法
	颜色设置	用于设置纸样列表框、工作视窗和纸样号型的颜色。	单击该图标，弹出【设置颜色】对话框，该框中有三个选项卡；单击选中选项卡名称，单击选中修改项，再单击选择一种颜色，按【应用】即可改变所选项的颜色，可同时设置多个选项，最后按【确定】即可。
	线颜色	用于设定或改变结构线的颜色。	设定线颜色：单击线颜色的下拉列表，单击选中合适的颜色，这时用画线工具画出的线为选中的线颜色；改变线的颜色：单击线颜色下拉列表，选中所需颜色，再用 设置线的颜色类型工具在线上击右键或右键框选线即可。
	线类型	用于设定或改变结构线类型。	用于设定或改变结构线类型。设定线类型：单击线类型的下拉列表，选中线型，这时用画线工具画出的线为选中的线类型；改变已做好的结构线线型或辅助线的线型：单击线类型的下拉列表，选中适合的线类型，再选中 设置线的颜色类型工具，在需要修改的线上单击左键或左键框选线。
	等份数	用于等份线段。	图标框中的数字是多少就会把线段等份成多少等份。
	曲线显示形状	用于改变线的形状。	选中 设置线的颜色类型工具，单击曲线显示形状 的下拉列表选中需要的曲线形状，此时可以设置线型的宽与高，先宽后高，输宽数据后按回车再输入高的数据，用左键单击需要更改线即可。
	辅助线的输出类型	设置纸样辅助线输出的类型。	选中 设置线的颜色类型工具，单击辅助线的输出类型 的下拉列表选中需要输出方式，用左键单击需要更改线即可，设了全刀，辅助线的一端会显示全刀的符号。设了半刀，辅助线的一端会显示半刀的符号。
	播放演示	播放工具操作的录像。	选中该图标，再单击任意工具，就会播放该工具的视屏录像。
	帮助	工具使用帮助的快捷方式。	选中该工具，再单击任意工具图标，就会弹出【富怡设计与放码 CAD 系统在线帮助】对话框，在对话框里会告知此工具的功能和操作方法。

二、设计工具栏介绍

设计工具栏中主要放置了结构设计的工具，如绘制常用的直线与曲线的"智能笔"工具、绘制矩形的"矩形"工具等（见表 2-2）。

第二节 设计与放码系统功能介绍

表 2-2 快捷工具介绍

图标	名称	功能
▶	调整工具（快捷键 A）	用于调整曲线的形状，修改曲线上控制点的个数，曲线点与转折点的转换，改变钻孔、扣眼、省、褶的属性

操作方法

① 调整单个控制点：用该工具在曲线上单击，线被选中，单击线上的控制点，拖动至满意的位置，单击即可。当显示弦高线时，此时按小键盘数字键可改变弦的等份数，移动控制点可调整至弦高线上，光标上的数据为曲线长和调整点的弦高（显示／隐藏弦高：Ctrl +H）。

② 在线上增加控制点、删除曲线或折线上的控制点：单击曲线或折线，使其处于选中状态，在没点的位置用左键单击为加点（或按 Insert 键），或把光标移至曲线点上，按 Insert 键可使控制点可见，在有点的位置单击右键为删除（或按 Delete 键）；在选中线的状态下，把光标移到控制点上按 Shift 可在曲线点与转折点之间切换。在曲线与折线的转折点上，如果光标移在转折点上击鼠标右键，曲线与直线的相交处自动顺滑，在此转折点上如果按 Ctrl 键，可拉出一条控制线，可使得曲线与直线的相交处顺滑相切。

图标	名称	功能
🔁	合并调整（快捷键 N）	将线段移动旋转后调整，常用于调整前后袖笼、下摆、省道、前后领口及肩点拼接处等位置的调整。适用于纸样、结构线

操作方法

如图 1，用鼠标左键依次点选或框选要圆顺处理的曲线 a、b、c、d，击右键；

再依次点选或框选与曲线连接的线 1 线 2、线 3 线 4、线 5 线 6，击右键，弹出对话框；

如图 2，夹圈拼在一起，用左键可调整曲线上的控制点。如果调整公共点按 Shift 键，则该点在水平垂直方向移动，如图 3 所示；

调整满意后，击右键。

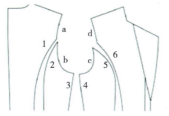

图 1

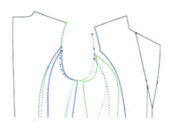

图 2

图 3

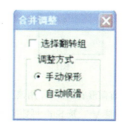

图 4

【合并调整】对话框参数说明，如图 4 所示；

【选择翻转组】如下图 5 所示，前后浪为同边时，则勾选此选项再选线，线会自动翻转，如图 6 所示；

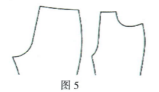

图 5

图 6

【手动保形】选中该项，您可自由调整线条；【自动顺滑】选中该项，软件会自动生成后条顺滑的曲线，无须调整。

11

图标	名称	功能
	对称调整（快捷键 M）	对纸样或结构线对称后调整，常用于对领的调整。

操作方法

单击或框选对称轴（或单击对称轴的起止点）；再框选或者单击要对称调整的线，击右键；用该工具单击要调整的线，再单击线上的点，拖动到适当位置后单击；调整完所需线段后，击右键结束。

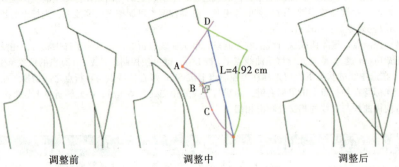

调整前　　　　　　　　调整中　　　　　　　　调整后

操作第 3 步说明：

调整过程中，在有点的位调整拖动鼠标为调整（如点 B），光标移在点上按 DELETE 为删除该点（纸样上两线相接点不删除），光标移在点上（如点 B 点 C）按 Shift 键，为更改点的类型，在没点的位置单击为增加点；在结构线上调整时，在空白处按下 Shift 键是切换调整与复制。按住 Shift 键不松手，在两线相接点上（如点 A）调整，会"沿线修改"。

注：进入对称调整之后，使用 Ctrl+H 切换是否显示弦高。

图标	名称	功能
	省褶合起调整	把纸样上的省、褶合并起来调整。只适用于纸样。

操作方法

如图 1 所示，用该工具依次点击省 1、省 2 后击右键后为图 2 所示；单击中心线，如图 3，就用该工具调整省合并后的腰线，满意后击右键。

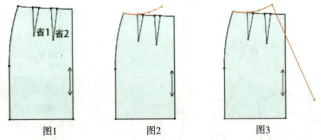

图1　　　　　　　　图2　　　　　　　　图3

提示：

如果在结构线上做的省褶形成纸样后，用该工具前需要用"纸样工具栏"中相应的省或褶工具做成省元素或褶元素。该工具默认是省褶合起调整 ，按 Shift 可切换成合并省 。

图标	名称	功能
	合并省	将省去掉或改变省的大小，并且可把指定边线改变，如下图1，图2。

操作方法

第二节 设计与放码系统功能介绍

（续表）

操作：（如上图示）

用该工具先单击不动的点（臀围点 A）；再单击省宽点 B，如果要去掉省，再单击另一省宽点 C 即可；如果只是改变省的大小，移动光标并且在空白位置单击，弹出合并省对话框输入新的省宽，单击确定即可。

图标	名称	功能
	曲线定长调整	在曲线长度保持不变的情况下，调整其形状。对结构线、纸样均可操作。

操作方法

用该工具点击曲线，曲线被选中；拖动控制点到满意位置单击即可。

图标	名称	功能
	线调整	为 ┼╳ 时可检查或调整两点间曲线的长度、两点间直度，也可以对端点偏移调整，光标为 ┼* 时可自由调整一条线的一端点到目标位置上。适用于纸样、结构线。

操作方法

┼╳ 与 ┼* 两光标用 SHIFT 切换，光标 ┼* 的快捷键是 Shift+S。

1. 如下图所示，光标为 ┼╳ 时，用该工具点选或者框选一条线，弹出线调整对话框；

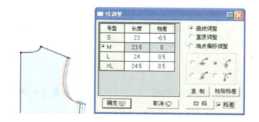

2. 选择调整项，输入恰当的数值，确定即可调整。光标为 ┼* 时，框选或点选线，线的一端即可自由移动（目标点必须是可见点），如下图所示。

| 原图 | 操作中 | 结果 |

移动点说明：

在框选线或点选线的情况下，距离框选或点选较近的一端点为修改点（有亮星显示）。如果调整一个纸样上的两段线，拖选两线段的首尾端，第一个选中的点为修改点（有亮星显示）。

图标	名称	功能
✎	智能笔（快捷键F）	用来画线、作矩形、调整、调整线的长度、连角、加省山、删除、单向靠边、双向靠边、移动（复制）点线、转省、剪断（连接）线、收省、不相交等距线、相交等距线、圆规、三角板、偏移点（线）、水平垂直线、偏移等综合了多种功能。

操作方法

1. 单击左键

单击左键则进入【画线】工具，在空白处或关键点或交点或线上单击，进入画线操作；光标移至关键点或交点上，按回车以该点作偏移，进入画线类操作；在确定第一个点后，单击右键切换丁字尺（水平/垂直/45度线）、任意直线。用Shift切换折线与曲线；

画水平/垂直/45度线状态　　　画任意的直线、曲线状态　　　画折线状态

按下Shift键，单击左键则进入【矩形】工具（常用于从可见点开始画矩形的情况）。

2. 单击右键

在线上单击右键则进入【调整工具】；按下Shift键，在线上单击右键则进入【调整线长度】。在线的中间击右键为两端不变，调整曲线长度。如果在线的一端击右键，则在这一端调整线的长度。

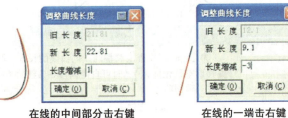

在线的中间部分击右键　　　　在线的一端击右键

3. 左键框选

如果左键框住两条线后单击右键为【角连接】；

鼠标在所示之处击右键　　　　连角后的两线段

如果左键框选四条线后，单击右键则为【加省山】；说明：在省的那一侧击右键，省底就向那一侧倒。

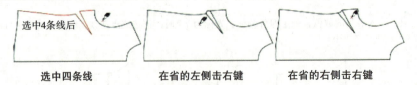

选中四条线　　　在省的左侧击右键　　　在省的右侧击右键

如果左键框选一条或多条线后，再按Delete键则删除所选的线；如果左键框选一条或多条线后，再在另外一条线上单击左键，则进入【靠边】功能，在需要线的一边击右键，为【单向靠边】。如果在另外的两条线上单击左键，为【双向靠边】；

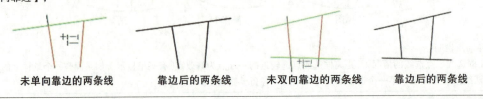

未单向靠边的两条线　　靠边后的两条线　　未双向靠边的两条线　　靠边后的两条线

（续表）

左键在空白处框选进入【矩形】工具；按下 Shift 键，如果左键框选一条或多条线后，单击右键为【移动（复制）】功能，用 Shift 键切换复制或移动，按住 Ctrl 键，为任意方向移动或复制；

按下 Shift 键，如果左键框选一条或多条线后，单击左键选择线则进入【转省】功能。

4. 右键框选

右键框选一条线则进入【剪断（连接）线】功能。按下 Shift 键，右键框选框选一条线则进入【收省】功能。

5. 左键拖拉

在空白处，用左键拖拉进入【画矩形】功能；左键拖拉线进入【不相交等距线】功能；

在关键点上按下左键拖动到一条线上放开进入【单圆规】，在关键点上按下左键拖动到另一个点上放开进入【双圆规】，按下 Shift 键，左键拖拉线则进入【相交等距线】，再分别单击相交的两边。

 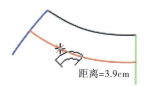

拖腰线后　　　　　再单击两相交线

按下 Shift 键，左键拖拉选中两点则进入【三角板】，再点击另外一点，拖动鼠标，做选中线的平行线或垂直线。

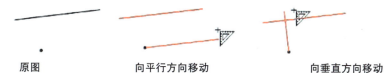

原图　　　向平行方向移动　　　向垂直方向移动

6. 右键拖拉

在关键点上，右键拖拉进入【水平垂直线】（右键切换方向）；

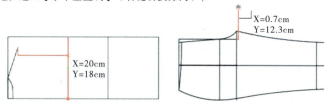

按下 Shift 键，在关键点上，右键拖拉点进入【偏移点/偏移线】（用右键切换保留点/线）。

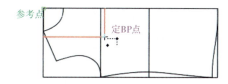

7. 回车键：取【偏移点】。

图标	名称	功能
□	矩形（快捷键 S）	用来做矩形结构线、纸样内的矩形辅助线。

（续表）

操作方法

1. 用该工具在工作区空白处或关键点上单击左键，当光标显示 X,Y 时，输入长与宽的尺寸（用回车输入长与宽，最后回车确定）；或拖动鼠标后，再次单击左键，弹出【矩形】对话框，在对话框中输入适当的数值，单击【确定】即可；用该工具在纸样上做出的矩形，为纸样的辅助线。

注意：
如果矩形的起点或终点与某线相交，则会有两种不同的情况，其一为落在关键点上，将无对话框弹出；其二为落在线上，将弹出【点的位置】对话框，输入数据，【确定】即可；起点或终点落关键点上时，可按 ENTER 以该点偏移。

图标	名称	功能
	圆角	在不平行的两条线上，做等距或不等距圆角。用于制作西服前幅底摆，圆角口袋。适用于纸样、结构线。

操作方法

用该工具分别单击或框选要做圆角的两条线，如下图线 1、线 2；在线上移动光标，此时按 SHIFT 键在曲线圆角与圆弧圆角间切换，击右键光标可在 ┿┘ 与 ┿┘ 切换（┿┘ 为切角保留，┿┘ 为切角删除）；再单击弹出对话框，输入适合的数据，点击确定即可。

图标	名称	功能
	三点圆弧	过三点可画一段圆弧线或画三点圆。适用于画结构线、纸样辅助线。

操作方法

按 Shift 键在三点圆 ⊙ 与三点圆弧 ⌒ 间切换；切换成 ⊙ 光标后，分别单击三个点即可作出一个三点圆；切换成 ⌒ 光标后，分别单击三个点即可作出一段弧线。

图标	名称	功能
	CR 圆弧	画圆弧、画圆。适用于画结构线、纸样辅助线。

操作方法

按 Shift 键在 CR 圆 ⊙ 与 CR 圆弧 ⌒ 间切换；光标为 ⊙ 时，在任意一点单击定圆心，拖动鼠标再单击，弹出【半径】对话框；输入圆的适当的半径，单击【确定】即可。

图标	名称	功能
	椭圆	在草图或纸样上画椭圆。

操作方法

1. 用该工具在工作区单击拖动再单击，弹出对话框；

2. 输入恰当的数值，单击"确定"即可。

图标	名称	功能
	角度线	作任意角度线，过线上（线外）一点作垂线、切线（平行线）。结构线、纸样上均可操作。

操作方法

1. 在已知直线或曲线上作角度线

如下图示，点 C 是线 AB 上的一点。先单击线 AB，再单击点 C，此时出现两条相互垂直的参考线，按 Shift 键，两条参考线在图 1 与图 2 间切换；

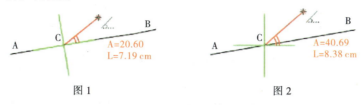

图 1　　　　　　　　　　　图 2

2. 在上两图任一情况下，击右键切换角度起始边，下图是图 1 的切换图；

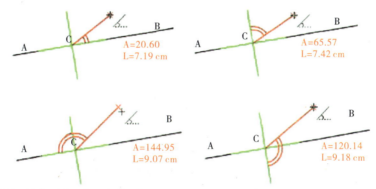

3. 在所需的情况下单击左键，弹出对话框；

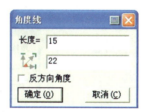

4. 输入线的长度及角度，点击确定即可。

图标	名称	功能
🚗	等份规（快捷键 D）	在线上加等份点、在线上加反向等距点。在结构线上或纸样上均可操作。

操作方法

用 Shift 键切换 ╅🌉 在线上加两等距光标与 ╅🚗 等份线段光标（右键来切换 ╅🌉 ╅🚗，实线为拱桥等份）；

在线上加反向等距点：单击线上的关键点，沿线移动鼠标再单击，在弹出的对话框中输入数据，确定即可；

等份线段：在快捷工具栏等份数中输入份数，再用左键在线上单击即可。如果在局部线上加等份点或等份拱桥，单击线的一个端点后，再在线中单击一下，再单击另外一端即可。

第二章
服装设计及放码系统

（续表）

图标	名称	功能
	点（快捷键 P）	在线上定位加点或空白处加点。适用于纸样、结构线。

操作方法

用该工具在要加点的线上单击，靠近点的一端会出现亮星点，并弹出【点的位置】对话框，输入数据，确定即可。

图标	名称	功能
	圆规（快捷键 C）	单圆规：作从关键点到一条线上的定长直线。常用于画肩斜线、夹直、裤子后腰、袖山斜线等。 双圆规：通过指定两点，同时作出两条指定长度的线。常用于画袖山斜线、西装驳头等。纸样、结构线上都能操作。

操作方法

单圆规：以后片肩斜线为例，用该工具，单击领宽点，释放鼠标，再单击落肩线，弹出【单圆规】对话框，输入小肩的长度，按【确定】即可；

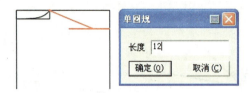

双圆规：（袖肥一定，根据前后袖山弧线定袖山点）分别单击袖肥的两个端点 A 点和 B 点，向线的一边拖动并单击后弹出【双圆规】对话框，输入第 1 边和第 2 边的数值，单击【确定】，找到袖山点。

图标	名称	功能
	剪断线（快捷键 SHIFT+C）	用于将一条线从指定位置断开，变成两条线。或把多段线连接成一条线。可以在结构线上操作也可以在纸样辅助线上操作。

操作方法

剪断操作：

用该工具在需要剪断的线上单击，线变色，再在非关键点上单击，弹出【点的位置】对话框；输入恰当的数值，点击确定即可；如果选中的点是关键点（如等份点或两线交点或线上已有的点），直接在该位置单击，则不弹出对话框，直接从该点处断开。

连接操作：

用该工具框选或分别单击需要连接线，击右键即可。

图标	名称	功能
	关联/不关联	端点相交的线在用调整工具调整时，使用过关联的两端点会一起调整，使用过不关联的两端点不会一起调整。在结构线、纸样辅助线上均可操作。端点相交的线默认为关联。

（续表）

操作方法

1. ✚ 关联光标，✚ 不关联光标，两者之间用 Shift 键来切换。用 ✚ 关联工具框选或单击两线段，即可关联两条线相交的端点。

原图　　　　关联后，调整一条线的端点，另一条线的端点也同时移动

2. 用 ✚ 不关联工具框选或单击两线段，即可不关联两条线相交的端点。

原图　　　　不关联后，调整一条线的端点，另一条线的端点不会同时移动

图标	名称	功能
✎	橡皮擦（快捷键（E））	用来删除结构图上点、线，纸样上的辅助线、剪口、钻孔、省褶等。

操作方法

用该工具直接在点、线上单击，即可；如果要擦除集中在一起的点、线，左键框选即可。

图标	名称	功能
⬒	收省	在结构线上插入省道。只适用于结构线上操作。

操作方法

用该工具依次点击收省的边线、省线，弹出【省宽】对话框；在对话框中，输入省量，如图 1 所示；点击"确定"后，移动鼠标，在省倒向的一侧单击左键，如图 2 所示；用左键调整省底线，最后击右键完成，如图 3 所示。

 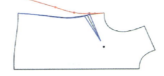 

图 1　　　　　　　　　　图 2　　　　　　　　　　图 3

图标	名称	功能
⬓	加省山	给省道上加省山。适用在结构线上操作。

操作方法

用该工具，依次单击倒向一侧的曲线或直线（如下图示省倒向侧缝边，先击 1，再单击 2）；

再依次单击另一侧的曲线或直线（如图示先单击 3，再单击 4），省山即可补上。如果两个省都向前中线倒，那么可依次点击 4、3、2、1，d、c、b、a。

 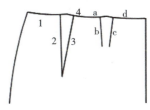

图标	名称	功能
	插入省褶	在选中的线段上插入省褶,纸样、结构线上均可操作。常用于制作泡泡袖、立体口袋等

操作方法

有展开线操作:

用该工具框选插入省的线,击右键;(如果插入省的线只有一条,也可以单击)框选或单击省线或褶线,击右键,弹出【指定线的省展开】对话框;在对话框框中输入省量或褶量,选择需要的处理方式,确定即可。

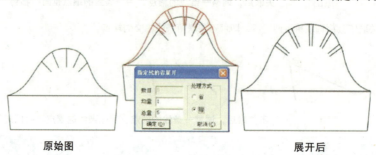

原始图　　　　　　　　　　　展开后

无展开线操作:

用该工具框选插入省的线,击右键两次,弹出【指定段的省展开】对画框,(如果插入省的线只有一条,也可以单击左键再击右键,弹出【指定段的省展开】对话框)在对话框中输入省量或褶量、省褶长度等,选择需要的处理方式,确定即可。

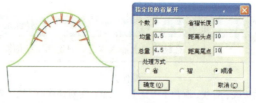

图标	名称	功能
	转省	用于将结构线上的省作转移。可同心转省,也可以不同心转,可全部转移也可以部分转移,也可以等分转省,转省后新省尖可在原位置也可以不在原位置。适用于在结构线上的转省。

操作方法

框选所有转移的线;单击新省线(如果有多条新省线,可框选);单击一条线确定合并省的起始边,或单击关键点作为转省的旋转圆心。

①全部转省:单击合并省的另一边(用左键单击另一边,转省后两省长相等,如果用右键单击另一边,则新省尖位置不会改变);

②部分转省:按住 Ctrl,单击合并省的另一边(用左键单击另一边,转省后两省长相等,如果用右键单击另一边,则新省尖位置不会改变);

③等分转省:输入数字为等分转省,再击合并省的另一边,(用左键单击另一边,转省后两省长相等,如果用右键单击另一边,则不修改省尖位置)。

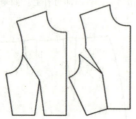 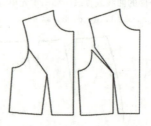

（续表）

图标	名称	功能
	褶展开	用褶将结构线展开，同时加入褶的标识及褶底的修正量。只适用于在结构线上操作。

操作方法

用该工具单击/框选操作线，按右键结束；单击上段线，如有多条则框选并按右键结束（操作时要靠近固定的一侧，系统会有提示）；单击下段线，如有多条则框选并按右键结束（操作时要靠近固定的一侧，系统会有提示）；单击/框选展开线，击右键，弹出【刀褶/工字褶展开】对话框（可以不选择展开线，需要在对话框中输入插入褶的数量）；在弹出的对话框中输入数据，按"确定"键结束。

 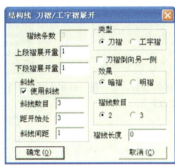

图标	名称	功能
	分割/展开/去除余量	对结构线进行修改，可对一组线展开或去除余量。常用于对领、荷叶边、大摆裙等的处理。在纸样、结构线上均可操作。

操作方法

用该工具框选（或单击）所有操作线，击右键；单击不伸缩线（如果有多条框选后击右键）；单击伸缩线（如果有多条框选后击右键）；如果有分割线，单击或框选分割线，单击右键确定固定侧，弹出【单向展开或去除余量】对话框（如果没有分割线，单击右键确定固定侧，弹出【单向展开或去除余量】对话框）；输入恰当数据，选择合适的选项，确定即可。

 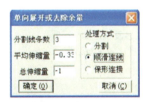

按照指定分割线伸缩

 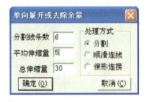

平均展开

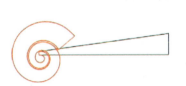 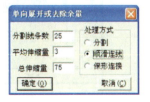

平均展开

第二章 服装设计及放码系统

（续表）

图标	名称	功能
	荷叶边	做螺旋荷叶边。只针对结构线操作。

操作方法

1. 在工作区的空白处单击左键，在弹出的【荷叶边】对话框（可输入新的数据），按【确定】即可。

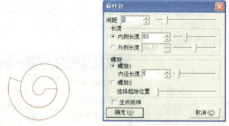

2. 单击或框选所要操作的线后，击右键，弹出【荷叶边】对话框，有3种生成荷叶边的方式，选择其中的一种，按确定即可（螺旋3可更改数据）。

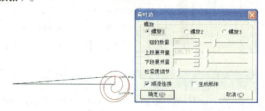

图标	名称	功能
	比较长度（快捷键R）	用于测量一段线的长度、多段线相加所得总长、比较多段线的差值，也可以测量剪口到点的长度。在纸样、结构线上均可操作。

操作方法

选线的方式有点选（在线上用左键单击）、框选（在线上用左键框选）、拖选（单击线段起点按住鼠标不放，拖动至另一个点）三种方式。

1. 测量一段线的长度或多段线之和

选择该工具，弹出【长度比较】对话框；在长度、水平X、垂直Y选择需要的选项；选择需要测量的线，长度即可显示在表中。

2. 比较多段线的差值

如下图示，比较袖山弧长与前后袖笼的差值选择该工具，弹出【长度比较】对话框；选择【长度】选项；单击或框选袖山曲线击右键，再单击或框选前后袖笼曲线，表中【L】为容量。

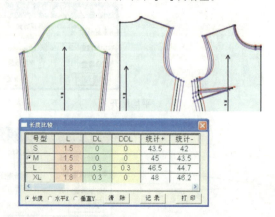

注意：该工具默认是比较长度，按Shift可切换成测量两点间距离。

（续表）

图标	名称	功能
	量角器	在纸样、结构线上均能操作。测量一条线的水平夹角、垂直夹角；测量两条线的夹角；测量三点形成的角；测量两点形成的水平角、垂直角。

操作方法

1.用左键框选或点选需要测量一条线，击右键，弹出角度测量对话框。如下图，测量肩斜线 AB 角度。

2.框选或点选需要测量的两条线，击右键，弹出角度测量对话框，显示的角度为单击右键位置区域的夹角。如下图示，测量后幅肩斜线与夹圈的角度。

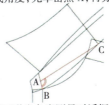

3.如下图示，测量点 A、点 B、点 C 三点形成角度，先单击点 A，再分别单击点 B、点 C，即可弹出角度测量对话框。

4.按下 Shift 键，点击需要测量的两点，即可弹出角度测量对话框。如下图测量点 A、点 B 的角度。

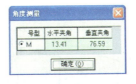

图标	名称	功能
	旋转（快捷键 Ctrl+B）	用于旋转复制或旋转一组点或线。适用于结构线与纸样辅助线。

操作方法

　　单击或框选旋转的点、线，击右键；单击一点，以该点为轴心点，再单击任意点为参考点，拖动鼠标旋转到目标位置。
　　说明：该工具默认为旋转复制，复制光标为 ，旋转复制与旋转用 Shift 键来切换，旋转光标为 。

图标	名称	功能
	对称（快捷键 K）	根据对称轴对称复制（对称移动）结构线或纸样。

操作方法

　　该工具可以线单击两点或在空白处单击两点，作为对称轴；框选或单击所需复制的点线或纸样，击右键完成。
　　说明：1.该工具默认复制，复制光标为 ，复制与移动用 Shift 键来切换，移动光标为 。
　　　　　2.对称轴默认画出的是水平线或垂直线 45 度方向的线，击右键可以切换称任意反方向。

23

（续表）

图标	名称	功能
品品	移动（快捷键 G）	用于复制或移动一组点、线、扣眼、扣位等。

操作方法

用该工具框选或点选需要复制或移动的点线，击右键；单击任意一个参考点，拖动到目标位置后单击即可；单击任意参考点后，击右键，选中的线在水平方向或垂直方向上镜像，如下图示。

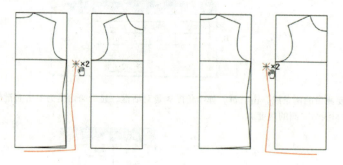

说 明：

该工具默认为复制，复制光标为 +x2🖐，复制与移动用 Shift 键来切换，移动光标为 +🖐；按下 Ctrl 键，在水平或垂直方向上移动；复制或移动时按 Enter 键，弹出位置偏移对话框；

对纸样边线只能复制不能移动，即使在移动功能下移动边线，原来纸样的边线不会被删除。

图标	名称	功能
👆	对接（快捷键 J）	用于把一组线向另一组线上对接。如下图1把后幅的线对接到前幅上。

操作方法

1. 如下图 2 所示，用该工具让光标靠近领宽点单击后幅肩斜线；再单击前幅肩斜线，光标靠近领宽点，击右键；框选或单击后幅需要对接的点线，最后击右键完成。

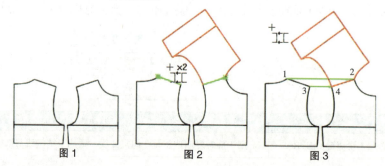

图1　　　　　图2　　　　　图3

2. 如上图 3 所示，用该工具依次单击 1、2、3、4 点；再框选或单击后幅需要对接的点线，击右键完成（该工具默认为对接复制，光标为 +x2 ꞁꞁ，对接复制与对接用 Shift 键来切换，对接光标为 + ꞁꞁ）。

图标	名称	功能
✂	剪刀（快捷键 W）	用于从结构线或辅助线上拾取纸样。

操作方法

1. 用该工具单击或框选围成纸样的线，最后击右键，系统按最大区域形成纸样，如图1所示；

2. 按住 Shift 键，用该工具单击形成纸样的区域，则有颜色填充，可连续单击多个区域，最后击右键完成，如图 2 所示；

3. 用该工具单击线的某端点，按一个方向单击轮廓线，直至形成闭合的图形。拾取时如果后面的线变成绿色，击右键则可将后面的线一起选中，完成拾样，如图3所示。

单击线、框选线、按住 Shift 键单击区域填色，第一次操作为选中，再次操作为取消选中。三种操作方法都是在最后击右键形成纸样，工具即可变成衣片辅助线工具。

（续表）

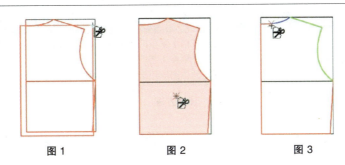

注意：选中剪刀，击右键可切换成片衣拾取辅助线工具。

衣片辅助线

功能：从结构线上为纸样拾取内部线。

操作：选择剪刀工具，击右键光标变成 ；单击纸样，相对应的结构线变蓝色；用该工具单击或框选所需线段，击右键即可；如果希望将边界外的线拾取为辅助线，那么直线点选两个点在曲线上点击3个点来确定。

图标	名称	功能
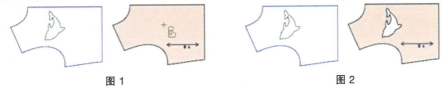	拾取内轮廓	在纸样内挖空心图。可以在结构线上拾取，也可以将纸样内的辅助线形成的区域挖空。

操作方法

结构线上拾取内轮廓操作：
用该工具在工作区纸样上击右键两次选中纸样，纸样的原结构线变色，如下图1；单击或框选要生成内轮廓的线；最后击右键，如下图2。

辅助线形成的区域挖空纸样操作：
用该工具单击或框选纸样内的辅助线；最后击右键完成。

图标	名称	功能
	设置线的颜色线型	用于修改结构线的颜色、线类型、纸样辅助线的线类型与输出类型。

操作方法

选中线型设置工具，快捷工具栏右侧会弹出颜色、线类型及切割画的选择框；选择合适的颜色、线型等；设置线型及切割状态，用左键单击线或左键框选线；设置线的颜色，用右键单击线或右键框选线。如果把原来的细实线改成虚线长城线，选中该工具，在 ——— 选择适合的虚线，在 ～～～ 选择长城线，用左键单击或框选需要修改的线即可。如果要把原来的细实线改为虚线，操作在 ——— 选择适合的虚线，用左键单击或框选需要修改的线即可。

（续表）

图标	名称	功能
	加入/调整工艺图片	1、与【文档】菜单的【保存到图库】命令配合制作工艺图片。 2、调处并调整工艺图片。 3、可复制位图应用于办公软件中。

操作方法

1. 加入（保存）工艺图片

用该工具分别单击或框选需要制作的工艺图的线条，击右键即可看见图形被一个虚线框框住

单击【文档】—【保存到图库】命令；
弹出【保存工艺图库】对话框，选好路径，在文件栏内输入图的名称，单击【保存】即可增加一个工艺图。

2. 调出并调整工艺图片，有两种情况
● 在空白处调出：
用该工具在空白处单击，弹出工艺图库对话框；在所需的图上双击，即可调出该图；
在空白处单击左键为确定，击右键弹出【比例】调整对话框。

3. 复制位图
用该工具框选结构线，击右键，编辑菜单下的复制位图命令激活，单击之后可粘贴在 Word、Excel 等文件中。

图标	名称	功能
T	加文字	用于在结构图上或纸样上加文字、移动文字、修改或删除文字，且各个码上的文字可以不一样。

操作方法

1. ①用该工具在结构图上或纸样上单击，弹出【文字】对话框；输入文字，单击【确定】即可。
　②按住鼠标左键拖动，根据所画线的方向确定文字的角度。

2. 移动文字
用该工具在文字上单击，文字被选中，拖动鼠标移至恰当的位置再次单击即可。

3. 修改或删除文字，有两种操作方式
把该工具光标移在需修改的文字，当文字变亮后击右键，弹出【文字】对话框，修改或删除后，单击确定即可，即可被修改，按键盘 Delete，即可删除文字，按方向键可移动文字位置。

二、纸样设计工具栏

纸样设计工具栏主要放置了加缝份工具、扣眼工具、选择与修改工具等，（见表 2-3）。

表 2-3 纸样设计工具栏工具介绍

图标	名称	功能
	加入/调整工艺图片	1、与【文档】菜单的【保存到图库】命令配合制作工艺图片。 2、调处并调整工艺图片。 3、可复制位图应用于办公软件中。

（续表）

操作方法

选中纸样：用该工具在纸样单击即可，如果要同时选中多个纸样，只要框选各纸样的一个放码点即可。
选中纸样边上的点：
- 选单个放码点，用该工具在放码点上用左键单击或用左键框选；
- 选多个放码点，用该工具在放码点上框选或按住 Ctrl 键在放码点上一个一个单击；
- 选单个非放码点，用该工具在点上用左键单击；
- 按住 Ctrl 键时第一次在点上单击为选中，再次单击为取消选中；
- 同时取消选中点，按 Esc 键或用该工具在空白处单击；
- 选中一个纸样上的相邻点，如下图 1 所示选袖笼，用该工具在点 A 上按下鼠标左键拖至点 B 再松手，图 2 为选中状态；

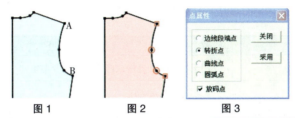

图1　　　　图2　　　　图3

图标	名称	功能
	缝迹线	在纸样边线上加缝迹线、修改缝迹线。

操作方法

　　加定长缝迹线：用该工具在纸样某边线点上单击，弹出【缝迹线】对话框，选择所需缝迹线，输入缝迹线长度及间距，确定即可。如果该点已经有缝迹线，那么会在对话框中显示当前的缝迹线数据，修改即可；
　　在一段线或多段线上加缝迹线：用该工具框选或单击一段或多段边线后击右键，在弹出的对话框中选择所需缝迹线，输入线间距，确定即可；
　　在整个纸样上加相同的缝迹线：用该工具单击纸样的一个边线点，在对话框中选择所需缝迹线，缝迹线长里输入 0 即可。或用操作 2 的方法，框选所有的线后击右键；
　　在两点间加不等宽的缝迹线：用该工具顺时针选择一段线，即在第一控制点按下鼠标左键，拖动到第二个控制点上松开，弹出【缝迹线】对话框，选择所需缝迹线，输入线间距，确定即可。如果这两个点中已经有缝迹线，那么会在对话框中显示当前的缝迹线数据，修改即可；
　　删除缝迹线：用橡皮擦单击即可。也可以在直线类型与曲线类型中选第一种无线型。

图标	名称	功能
	绗缝线	在纸样上添加绗缝线、修改绗缝线。

操作方法

用添加绗缝线操作 1：
1. 用该工具单击纸样，纸样边线变色，如图 1 所示；

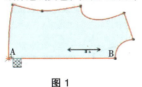　

图1　　　　　　　　图2

2. 单击参考线的起点、终点（可以是边线上的点，也可以是辅助线上的点），弹出【绗缝线】对话框。

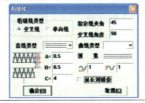

（续表）

3.选择合适的线类型，输入恰当的数值，确定即可，如图2。
添加绗缝线操作2：（在同一个纸样加不同的绗缝线）。

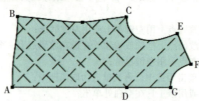

用绗缝线工具按顺时针方向选中ABCD，这部分纸样的边线变色，选择参考线后，弹出【绗缝线】对话框；选择合适的线类型，输入恰当的数值后确定；

用同样的方法选中DCEFG，选择合适的线类型，输入恰当的数值后确定，即可做出如上图示的绗缝线。

图标	名称	功能
	加缝份	用于给纸样加缝份或修改缝份量及切角。
操作方法		

纸样所有边加（修改）相同缝份：用该工具在任一纸样的边线点单击，在弹出【衣片缝份】的对话框中输入缝份量，选择适当的选项，确定即可。

图标	名称	功能
	做衬	用于在纸样上做朴样、贴样。
操作方法		

在多个纸样上加数据相等的朴、贴：用该工具框选纸样边线后击右键，在弹出的【衬】对话框中输入合适的数据，即可。

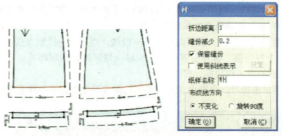

在多个纸样上同时加朴样

图标	名称	功能
	剪口	在纸样边线上加剪口、拐角处加剪口以及辅助线指向边线的位置加剪口，调整剪口的方向，对剪口放码、修改剪口的定位尺寸及属性。
操作方法		

在控制点上加剪口：用该工具在控制上单击即可。

在一条线上加剪口：用该工具单击线或框选线，弹出【剪口】对话框，选择适当的选项，输入合适的数值，点击【确定】即可。

在多条线上同时等距加等距剪口：用该工具在需加剪口的线上框选后再击右键，弹出【剪口】对话框，选择适当的选项，输入合适的数值，点击【确定】即可。

第二节 设计与放码系统功能介绍

（续表）

图标	名称	功能
	袖对刀	在袖笼与袖山上的同时打剪口，并且前袖笼、前袖山打单剪口，后袖笼、后袖山打双剪口。

操作方法

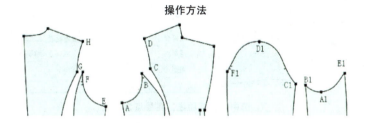

（依次选前袖笼线，前袖山线，后袖笼线、后袖山线）
用该工具在靠近 A、C 的位置依次单击或框选前袖笼线 AB、CD，击右键；
再在靠近 A1、C1 的位置依次单击或框选前袖山线 A1B1、C1D1，击右键；
同样在靠近 E、G 的位置依次单击或框选后袖笼线 EF、GH，击右键；
再在靠近 A1、F1 的位置依次单击或框选后袖山线 A1E1、F1D1，击右键，弹出【袖对刀】对话框；
输入恰当的数据，单击【确定】即可。

图标	名称	功能
	眼位	在纸样上加眼位、修改眼位。在放码的纸样上，各码眼位的数量可以相等也可以不相等，也可加组扣眼。

操作方法

在纸样上加眼位、修改眼位。在放码的纸样上，各码眼位的数量可以相等也可以不相等，也可加组扣眼。
1. 根据眼位的个数和距离，系统自动画出眼位的位置。
如图 1 所示，用该工具单击前领深点，弹出【眼位】对话框；输入偏移量、个数及间距，确定即可。

 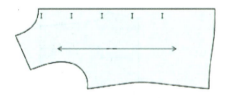

2. 在线上加扣眼，放码时只放辅助线的首尾点即可。
操作参考加钻孔。
3. 在不同的码上，加数量不等的扣眼。
操作参考加钻孔。

图标	名称	功能
	钻孔	在纸样上加钻孔（扣位），修改钻孔（扣位）的属性及个数。在放码的纸样上，各码钻孔的数量可以相等也可以不相等，也可加钻孔组。

操作方法

1. 根据钻孔／扣位的个数和距离，系统自动画出钻孔／扣位的位置。
如图示，用该工具单击前领深点，弹出【钻孔】对话框；输入偏移量、个数及间距，确定即可。

2. 在线上加钻孔（扣位），放码时只放辅助线的首尾点即可。
用钻孔工具在线上单击，弹出【钻孔】对话框；输入钻孔的个数及距首尾点的距离，确定即可。

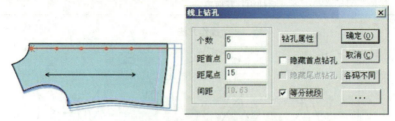

选中纸样辅助线，亮星点为首点

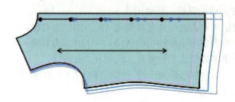

加扣位后

图标	名称	功能
	褶	在纸样边线上增加或修改刀褶、工字褶。也可以把在结构线上加的褶用该工具变成褶图元。做通褶时在原纸样上会把褶量加进去，纸样大小会发生变化，如果加的是半褶，只是加了褶符号，纸样大小不改变。

操作方法

1. 纸样上有褶线的情况，如下图示。
用该工具框选或分别单击褶线，击右键弹出【褶】对话框。

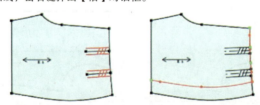

2. 纸样上平均加褶的情况：
（1）选中该工具用左键单击加褶的线段。如下图 AB（多段线时框选线段击右键）；
（2）如果做半褶，此时单击右键，弹出半褶对话框；
（3）如果需要做通褶，按照步骤1的方式选择褶的另外一段所在的边线，击右键弹出褶对话框。

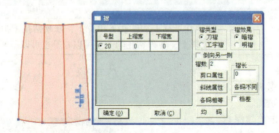

在对话框中输入褶量、褶数等，确定褶合并起来；此时，就用该工具调整褶底，满意后击右键即可。

（续表）

图标	名称	功能
	V形省	在纸样边线上增加或修改V形省，也可以把在结构线上加的省用该工具变成省图元。

操作方法

1. 纸样上有省线的情况，如下图示。
用该工具在省线上单击，弹出【尖省】对话框；选择合适的选项，输入恰当的省量；点击确定后，省合并起来；此时，就用该工具调整省底，满意后击右键即可。

原纸样　　　　　加省后调整省底　　　　　结果

2. 纸样上无省线的情况，如下图示。
用该工具在边线上单击，先定好省的位置；拖动鼠标单击，在弹出【尖省】对话框；选择合适的选项，输入恰当的省量；点击确定后，省合并起来；此时，就用该工具调整省底，满意后击右键即可。

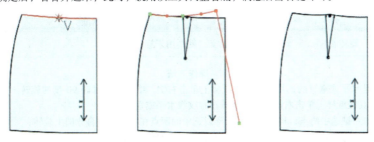

图标	名称	功能
	锥形省	在纸样上加锥形省或菱形省。

操作方法

如下图1所示，用该工具依次单击点A、点B、点C，弹出【锥形省】对话框；
输入省量，点击【确定】即可，如图2所示。

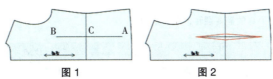

图1　　　　　图2

图标	名称	功能
	比拼行走	一个纸样的边线在另一个纸样的边线上行走时，可调整内部线对接是否圆顺，也可以加剪口。

操作方法

如下图，用该工具依次单击点B、点A，纸样二拼在纸样一上，并弹出【行走比拼】对话框；
继续单击纸样边线，纸样二就在纸样一上行走，此时可以打剪口，也可以调整辅助线；
最后击右键完成操作。

第二章 服装设计及放码系统

（续表）

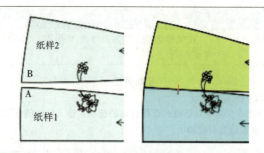

图标	名称	功能
	布纹线	用于调整布纹线的方向、位置、长度以及布纹线上的文字信息。

操作方法

用该工具用左键单击纸样上的两点，布纹线与指定两点平行；

用该工具在纸样上击右键，布纹线以 45 度来旋转；

用该工具在纸样（不是布纹线）上先用左键单击，再击右键可任意旋转布纹线的角度；

用该工具在布纹线的"中间"位置用左键单击，拖动鼠标可平移布纹线；

选中该工具，把光标移在布纹线的端点上，再拖动鼠标可调整布纹线的长度；

选中该工具，按住 Shift 键，光标会变成 T 击右键，布纹线上下的文字信息旋转 90 度；

选中该工具，按住 Shift 键，光标会变成 T，在纸样上任意点两点，布纹线上下的文字信息以指定的方向旋转。

图标	名称	功能
	旋转衣片	顾名思义，就是用于旋转纸样。

操作方法

1. 如果布纹线是水平或垂直的，用该工具在纸样上单击右键，纸样按顺时针 90 度的旋转。如果布纹线不是水平或垂直，用该工具在纸样上单击右键，纸样旋转在布纹线水平或垂直方向。

2. 用该工具单击左键选中两点，移动鼠标，纸样以选中的两点在水平或垂直方向上旋转；

3. 按住 Ctrl 键，用左键在纸样单击两点，移动鼠标，纸样可随意旋转；

4. 按住 Ctrl 键，在纸样上击右键，可按指定角度旋转纸样。

图标	名称	功能
	水平垂直翻转	用于将纸样翻转。

操作方法

水平翻转 与垂直翻转 间用 Shift 键切换；在纸样上直接单击左键即可；纸样设置了左或右，翻转时会提示"是否翻转该纸样？"如果真的需要翻转，单击是即可。

图标	名称	功能
	水平/垂直校正	将一段线校正成水平或垂直状态，将下图一线段 AB 校正至图二。常用于校正读图纸样。

操作方法

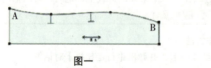

图一

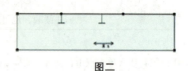

图二

按 Shift 键把光标切换成水平校正 （垂直校正为 ）；用该工具单击或框选 AB 后击右键，弹出【水平垂直校正】对话框；选择合适的选项，单击【确定】即可。

第二节 设计与放码系统功能介绍

（续表）

图标	名称	功能
	重新顺滑曲线	用于调整曲线并且关键点的位置保留在原位置，常用于处理读图纸样。

操作方法

　　用该工具单击需要调整的曲线，此时原曲线处会自动生成一条新的曲线（如果中间没有放码点，新曲线为直线，如果曲线中间有放码点，新曲线默认通过放码点）；
　　用该工具单击原曲线上的控制点，新的曲线就吸附在该控制点上（再次在该点上单击，又脱离新曲线）；新曲线达到满意后，在空白处再击右键即可。

图标	名称	功能
	曲线替换	1、结构线上的线与纸样边线间互换； 2、也可以把纸样上的辅助线变成边线（原边线也可转换辅助线）。

操作方法

1. 单击或框选线的一端，线就被选中（如果选择的是多条线，第一条线须用框选，最后击右键）；击右键选中线可在水平方向、垂直方向翻转；移动光标在目标线上，再用左键单击即可。
2. 用该工具点选或框选纸样辅助线后，光标会变成此形状　（按 Shift 键光标会变成　）击右键即可。

图标	名称	功能
	纸样变闭合辅助线	将一个纸样变为另一个纸样的闭合辅助线。

操作方法

　　将 A 纸样变为 B 纸样的闭合辅助线
　　用该工具在 A 纸样的关键点上单击，再在 B 纸样的关键点上单击即可（或敲回车键偏移）。

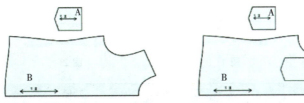

图标	名称	功能
	分割纸样	将纸样沿辅助线剪开。

操作方法

　　选中分割纸样工具；在纸样的辅助线上单击，弹出下列对话框；选择是，根据基码对齐剪开，选择否以显示状态剪开。

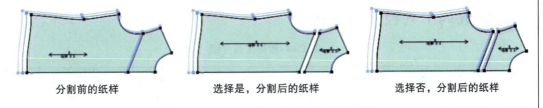

分割前的纸样　　　　选择是，分割后的纸样　　　　选择否，分割后的纸样

（续表）

图标	名称	功能
	合并纸样	将两个纸样合并成一个纸样。有两种合并方式：A 为以合并线两端点的连线合并，B 为以曲线合并。

操作方法

按 Shift 键在 （方式 A）与 （方式 B）间切换。当在第一个纸样上单击后按 Shift 键在保留合并线 （ ）与不保留合并线 （ ）间切换。

图标	名称	功能
	纸样对称	有关联对称纸样 与不关联对称纸样 两种功能，关联对称后的纸样，在其中一半纸样的修改时，另一半也联动修改。不关联对称后的纸样，在其中一半的纸样上改动，另一半不会跟着改动。

操作方法

1. 关联对称纸样

按 Shift 键，使光标切换为 ；如下图 1 单击对称轴（前中心线）或分别单击点 A、点 B；即出现图 2，如果需再返回成图 1 的纸样，用该工具按住对称轴不松手，敲 Delete 键即可。

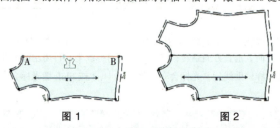

图 1　　　　　　　　　　　图 2

2. 不关联对称纸样

按 Shift 键，使光标切换为 ；如下图 1 单击对称轴（前中心线）或分别单击点 A、点 B，即出现图 2。

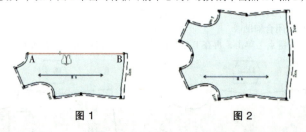

图 1　　　　　　　　　　　图 2

图标	名称	功能
	缩水	根据面料对纸样进行整体缩水处理。针对选中线可进行局部缩水。

操作方法

选中缩水工具；
在空白处或纸样上单击，弹出【缩水】对话框，选择缩水面料，选中适当的选项，输入纬向与经向的缩水率，确定即可。

三、放码工具栏工具介绍

表 2-4　放码工具介绍

图标	名称	功能
	平行交点	用于纸样边线的放码，用过该工具后与其相交的两边分别平行。常用于西服领口的放码。

（续表）

操作方法
如下图1到图2的变化，用该工具单击点A即可。

图1　　　　　图2

图标	名称	功能
	辅助线平行放码	针对纸样内部线放码，用该工具后，内部线各码间会平行且与边线相交。

操作方法
用该工具单击或框选辅助线（线a）；再单击靠近移动端的线（线b）。图1至图2，图3至图4的变化。

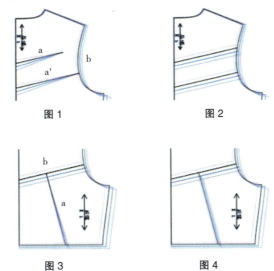

图1　　　　　图2

图3　　　　　图4

图标	名称	功能
	辅助线放码	相交在纸样边线上的辅助线端点按照到边线指定点的长度来放码（如下图，A至B的曲线长）。

操作方法
用该工具在辅助线A点上双击，弹出【辅助线点放码】对话框；在对话框中输入合适的数据，选择恰当的选项；点击【应用】即可。

图标	名称	功能
	肩斜线放码	使各码不平行肩斜线平行。

（续表）

操作方法

肩点没放码，按照肩宽实际值放码实现。

用该工具分别单击后中线的两点；再单击肩点，弹出【肩斜线放码】对话框，输入合适的数值，选择恰当的选项，确定即可。

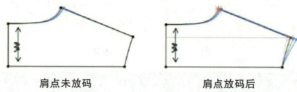

肩点未放码　　　　　　　肩点放码后

肩点放过码的操作

单击布纹线（也可以分别单击后中线上的两点）；再单击肩点，弹出【肩斜线放码】对话框，选择第一项，确定即可。

图标	名称	功能
	各码对齐	将各码放码量按点或剪口（扣位、眼位）线对齐或恢复原状。

操作方法

用该工具在纸样上的一个点上单击，放码量以该点按水平垂直对齐；
用该工具选中一段线，放码量以线的两端连线对齐；
用该工具单击点之前按住 X 为水平对齐；
用该工具单击点之前按住 Y 为垂直对齐；
用该工具在纸样上击右键，为恢复原状。

图标	名称	功能
	圆弧放码	可对圆弧的角度、半径、弧长来放码。

操作方法

用该工具单击圆弧，圆心会显示，并弹出【圆弧放码】对话框；输入正确的数据，点击【应用】【关闭】即可。

图标	名称	功能
	拷贝点放码量	拷贝放码点、剪口点、交叉点的放码量到其他的放码点上。

操作方法

1. 用该工具在有放码量的点上单击或框选，再在未放码的放码点上单击或框选；
2. 用该工具在放了码的纸样上框选或拖选（如下图 3 A 至 B），再在未放码的纸样上框选或拖选（如下图 3 C 至 D）；

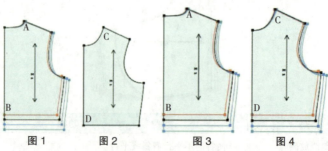

图1　　　图2　　　图3　　　图4

（续表）

3. 按住 Ctrl 键，用该工具在放了码的纸样上框选或拖选，再在未放码的纸样上框选或拖选；
4. 只拷贝其中的一个方向或反方向，在对话框中选择即可。

图标	名称	功能
	点随线段放码	根据两点的放码比例对指定点放码。可以用来宠物衣服来放码。

操作方法

如图 1，线段 EF 的点 F 根据衣长 AB 比例放码。用该工具分别单击点 A 点 B ；再单击或框选点 F 即可。

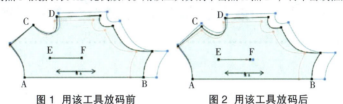

图 1　用该工具放码前　　　　图 2　用该工具放码后

如图 2，根据点 D 到线 AB 的放码比例来放点 C。用该工具单击点 D，再单击线 AB；再单击或框选点 C。

图标	名称	功能
	设定/取消辅助线随边线放码	1、辅助线随边线放码 2、辅助线不随边线放码

操作方法

辅助线随边线放码：用 Shift 键把光标切换成 辅助线随边线放码；用该工具框选或单击辅助线的"中部"，辅助线的两端都会随边线放码；如果框选或单击辅助线的一端，只有这一端会随边线放码。

辅助线不随边线放码：用 Shift 键把光标切换成 辅助线不随边线放码；用该工具框选或单击辅助线的"中部"，再对边线点放码或修改放码量后，辅助线的两端都不会随边线放码；如果框选或单击辅助线的一端，再对边线点放码或修改放码量后，只有这一端不会随边线放码。

图标	名称	功能
	平行放码	对纸样边线、纸样辅助线平行放码。常用于文胸放码。

操作方法

用该工具单击或框选需要平行放码的线段，击右键，弹出【平行放码】对话框；输入各线各码平行线间的距离，确定即可。

第三章 服装 CAD 版型设计应用

知识目标

通过本章学习,了解上衣版型的种类,学习掌握裤子、上衣等的电脑制版的结构设计与纸样制作,从而掌握上下装的版型变化设计,培养举一反三、灵活运用的能力。

技能目标

1. 充分理解上下装的电脑结构设计原理,培养学生电脑制图与纸样制作能力,达到专业制图的比例准确、图线清晰、标注规范的要求。

2. 根据不同造型的上下装款式,分别进行相应的电脑结构设计与纸样制作。

 思维导图

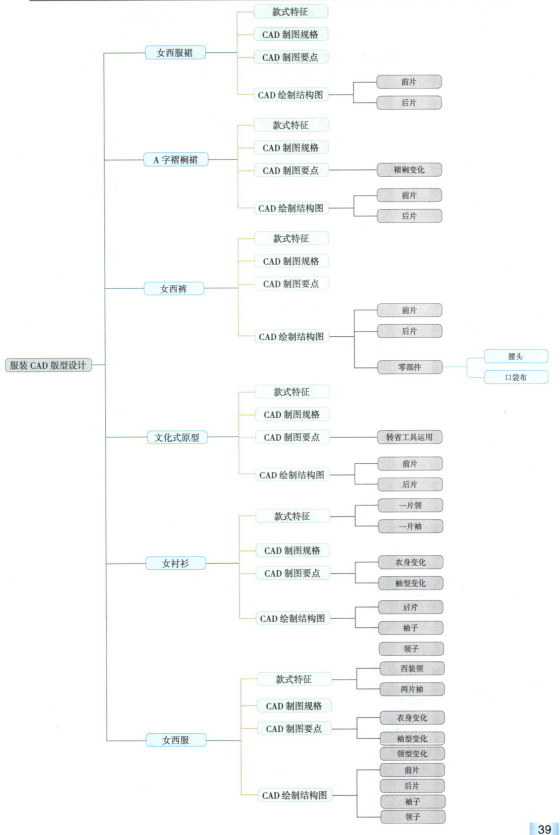

第一节 服装CAD下装版型设计

为使学习者进一步掌握和熟练运用服装 CAD 软件，本章选用典型的实例对整个流程进行详细讲述，由浅入深、循序渐进，以起到抛砖引玉的作用，其他款式可以举一反三。所采用的制图方法有自由设计法和公式法两种，学习者可以灵活应用。制版过程可以前后片分开制，也可以同时进行，中途可以随时保存。

公式法又叫比例法，其特点在于点与线段的产生是通过公式实现的，是采用最多的一种制图方法。本章采用比例法对常见结构中的基本造型裙子、裤子进行详细介绍，着重从样板设计制作进行讲解。

一、西服裙

西服裙是紧身裙的一种，是裙子中的基本型，后中装拉链、下摆开衩、腰上共收 4 个省，款式如图 3-1 所示，规格如表 3-1 所示。

图 3-1

表 3-1 西服裙规格

单位：cm

号型	部位	裙长	腰围	臀围	臀高	腰头宽
165/72B	规格	68	74	94	18	3

制作西服裙样板

第一步：设置号型

双击桌面快捷方式图标 [RP-DGS]，进入设计与放码系统的工作界面，单击菜单【号型】→【号型编辑】，弹出【设置号型规格表】对话框，输入部位名称、尺寸数据，如图 3-2 所示。单击【确定】按钮，单击【保存】按钮，单击 ，保存为"西服裙"。

图 3-2

第二步：定框架

使用【矩形】工具 ▭ 画出一个长方形，弹出【矩形】对话框，如图3-3所示。单击右上角的按钮 ▦ ，弹出【计算器】对话框，双击"臀围"选项后输入比例公式"臀围/4"，系统会自动计算出结果为23.5 cm，如图3-3所示。单击OK按钮返回【矩形】对话框。同理，单击右上角的【计算器】按钮 ▦ ，双击"裙长"选项，输入裙长公式"裙长 -3"，得到结果65 cm，单击OK按钮后，再单击【确定】按钮，得到一个宽度为23.5 cm、长度为65 cm的矩形，作为前裙片的基本框架，如图3-4所示。

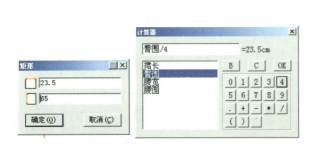

图 3-3

图 3-4

第三步：画臀围线

使用【智能笔】工具 ✎ （可以用快捷方式，在屏幕空白处右击，选择 ✎ ），按住矩形上边线往下拖，会拉出一条红色的平行线，单击【确认】按钮后弹出【平行线】对话框，如图3-5所示。

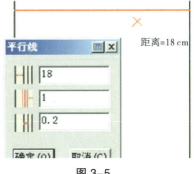

图 3-5

第四步：作腰线和侧缝弧线

使用【智能笔】工具 ✎，在矩形上边的水平线上单击，会出现一个"星点"和"太阳点"，并弹出【点的位置】对话框，如图3-6所示。单击右上角【计算器】按钮，双击"腰围"选项，输入腰围公式"腰围/4+2.5"（一个省的大小为2.5 cm），结果为21 cm，如图3-7所示，单击OK按钮，再单击【确定】按钮，这样就确定了腰围点的位置。然后向上抬高0.7 cm，如图3-8所示。注意，光标带"T"的是丁字尺，如果出现带"S"曲线符号，则右击可转换，最后单击【确定】按钮。

使用【智能笔】✎，右击转换成曲线 ⤴，分别画出腰弧线和侧缝弧线（弧线至少3点以上），在绘制中间点时，由于距离较近，系统会自动粘合到直线上去，要按住Ctrl键，绘制两个端点时不用按Ctrl键，让其自动粘合到端点，画完弧线右击结束，如图3-9所示。

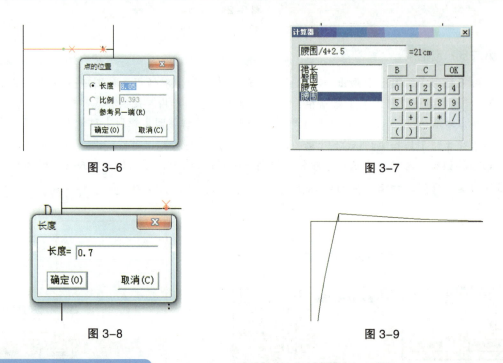

图3-6

图3-7

图3-8

图3-9

第五步：作前腰省道

使用【等分规】工具 ⚯，直接在线上单击可以等分该线，如图3-10所示。不需要等分线时，则右击，然后用鼠标指着腰线，会自动显示等分点，单击确认，如图3-11所示。

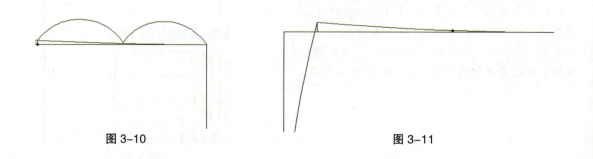

图3-10

图3-11

第一节

服装CAD下装版型设计

使用【智能笔】工具 ✏️，按住 Shift 键，单击腰围弧线左端点 A 不放松，拖动到中点 B 再放开，这时光标变成三角符号 ▽，单击等分点，向下移动画出垂直线后再单击，弹出【长度】对话框，在【长度】文本框输入"10"，如图 3-12 所示。使用【等分规】工具 👓，按 Shift 键，切换为【线上反向等分点】工具 ⊥👓，单击 B 点后向两边拉开两点，在【单向长度】文本框中输入"1"，单击【确定】按钮，如图 3-13 所示。

图 3-12　　　　　　　　　　　图 3-13

使用【智能笔】工具 ✏️，将省宽两点与省止点连接，完成省道制作，如图 3-14 所示。

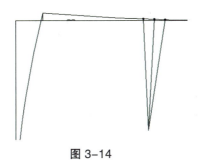

图 3-14

第六步：复制前片作后片

使用【旋转】工具 🔄 中的【移动】工具 🔀，按 Shift 键将光标转换为带"乘2"的复制工具，然后按照"左右左左"的顺序按键。第一次按左键是选择要复制或移动的线（左键拉框全部选红），然后按右键，第二次按左键是选中任意一个太阳点拖动（按 Shift 键可保持水平移动），最后在相应位置点按左键确认，如图 3-15 所示。

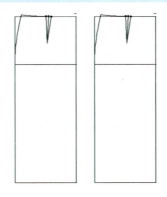

图 3-15

43

第七步：修改后片

后片中心下降1cm，使用【橡皮擦】工具 ✎，单击腰弧线、省道线将其擦除，如图3-16所示。

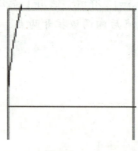

图 3-16

第八步：画后腰弧线

使用【智能笔】工具 ✎，在后中线上单击找点，弹出【点的位置】对话框，在【长度】文本框中输入"1"，如图3-17所示；单击【确认】按钮，然后连顺腰围弧线，如图3-18所示。

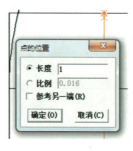

图 3-17

图 3-18

第九步：作后腰省道

绘制方法和前腰省道一样，先使用【等分规】工具 ⌒，找到腰线二等分点，再使用【智能笔】工具 ✎，按住Shift键，单击等分点，向下移动画出垂直线。使用【等分规】工具 ⌒，按Shift键，切换为【线上反向等分点】工具 ⌒，在【单向长度】文本框中输入"1"，如图3-19所示，最后连接省边，完成省道制作。

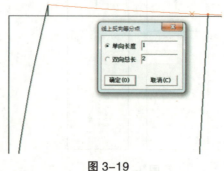

图 3-19

第一节 服装 CAD 下装版型设计

第十步：对称展开前片

使用【旋转】工具中的【对称】工具，按 Shift 键转换为【对称复制】工具。对称的操作顺序是先选定对称轴上的两点 A、B，然后单击或框选要对称的部分，右击确认，如图 3-20 所示。

第十一步：作后片裙衩

使用【剪断线】工具，单击后中线，再单击臀围线与后中线交点，然后使用【智能笔】工具，在后中线上找点，弹出【点的位置】对话框，在【长度】文本框中输入"23"（臀围线以下作为开衩位置），单击【确定】按钮，如图 3-21 所示。用【智能笔】工具"T"形尺右画 3.5 cm 作为开衩宽度，如图 3-22 所示，再使用【矩形】工具，单击 C、D 完成矩形开衩，如图 3-23 所示。

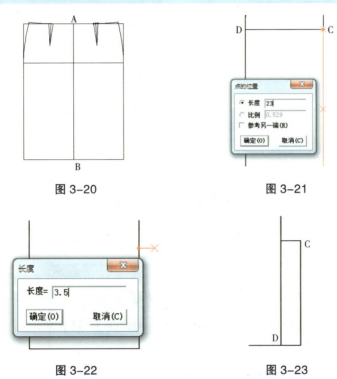

图 3-20   图 3-21

图 3-22   图 3-23

第十二步：作腰头

使用【矩形】工具，弹出【矩形】对话框，设置横向长度为 77（腰围 + 搭门），设置纵向长度为 3（作为腰头宽），单击【确定】按钮，如图 3-24 所示。

图 3-24

第十三步：剪出轮廓线，生成纸样

使用【剪刀】工具，依次单击纸样的外轮廓线条上的拐点、交叉点，直至形成封闭区域，按住Shift键，再右击，弹出【纸样资料】对话框，输入纸样名称和份数，如图3-25所示。确定后，按空格键移出样片。用同样方法，生成前片、后片和腰头的纸样，如图3-26所示。

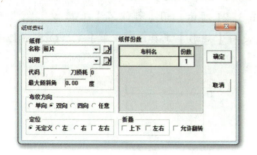

图 3-25

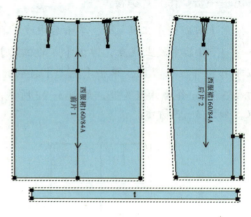

图 3-26

第十四步：调整缝份

使用【加缝份】工具，修改底边的缝份为3cm，使用【加缝份】工具，前片按顺时针方向在M点按住鼠标拖动到N点，放开后，弹出【加缝份】对话框，在【起点缝份量】文本框中输入"3"，如图3-27所示，再单击【确定】按钮。调整后片的方法与此相同。

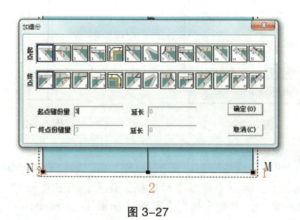

图 3-27

第十五步：调整布纹线

使用【布纹线】工具，在布纹线的中心处右击，每右击一次旋转45°；选中布纹线，将其拖动到合适位置放开，布纹线效果如图3-28所示。

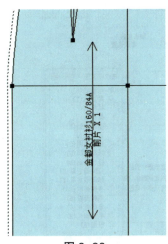

图 3-28

第十六步：输入纸样资料并显示

单击菜单【纸样】→【款式资料】，如图 3-29 所示，弹出【款式信息框】对话框，如图 3-30 所示，在【款式名】文本框中输入"西服裙"（一个款式只需输入一次），单击【确定】按钮。

图 3-29

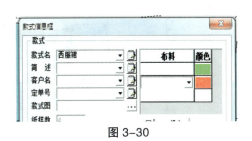

图 3-30

要在布纹线上显示出相应的纸样资料，单击菜单【选项】→【系统设置】，如图 3-31 所示，弹出【系统设置】对话框，如图 3-32 所示，选择【布纹设置】选项卡。

图 3-31

图 3-32

在【布纹设置】选项卡中，进行相应操作，如图 3-33 所示。单击布纹线上方对应黑色三角按钮弹出【布纹线信息】对话框，勾选【号型名】复选框和【款式名】复选框，布纹线下方的选择是【款式名】和【布料类型】，单击【确定】按钮，相应资料就会显示在纸样上，如图 3-34 所示，放大后可以看清楚。全部做好之后的效果如图 3-35 所示。

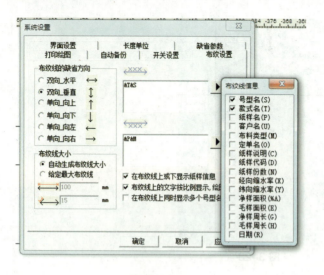

图 3-33　　　　　　　　　　　　　　　图 3-34

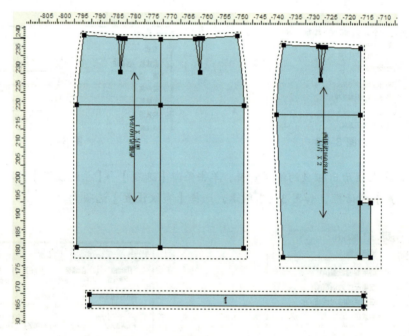

图 3-35

二、变化裙——对褶裙

对褶裙是一种变化裙的款式，此款育克分割，有横向分割线，裙身上有若干个工字褶，拉链装在侧缝上，如图 3-36 所示。对褶裙规格如表 3-2 所示。

第一节

服装 CAD 下装版型设计

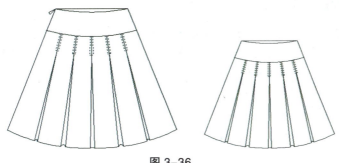

图 3-36

表 3-2 对褶裙规格

单位：cm

号型	部位	裙长	臀围	腰围
160/68A	规格	56	96	72

对褶裙样板制作

此款裙子由前后两片构成，仅有两侧缝，左右对称，由于篇幅有限，下面仅针对前片的制作来讲解 CAD 制版应用技巧，后片的制作方法与此一致。

第一步：定框架

双击桌面快捷方式图标 [RP-DGS]，进入设计与放码系统的工作界面，使用【矩形】工具绘制一个矩形，弹出【矩形】对话框，输入长度 56（裙长）和高度 24（1/4 臀围），得到一个矩形框，如图 3-37 所示，单击【保存】按钮，保存为"对褶裙"。

图 3-37

第二步：画基础结构线

选择【智能笔】工具，单击上平线 AB 并拖动，弹出【平行线】对话框，如图 3-38 所示，在第一栏输入 18（臀围线），单击【确定】按钮，如图 3-38 所示。

图 3-38

第三步:侧缝起翘

使用【智能笔】工具，将鼠标指针置于上平线 AB 上，当 A 点出现"太阳点"时单击，弹出【点的位置】对话框，输入长度值 2（侧缝撇量），如图 3-39 所示，再用【智能笔】工具的"T"形尺过该点作垂线，输入长度 0.8（起翘量），如图 3-40 所示。

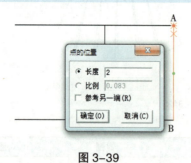

图 3-39　　　　　　　　　图 3-40

第四步:育克分割线

用【选择】工具调整腰口曲线弧度，再使用【智能笔】工具拖动腰口线，弹出【平行线】对话框，在第一栏输入 9（分割线位置），单击【确定】按钮，如图 3-41 所示。此时，框选分割线，再分别单击前中线和侧缝线，鼠标指针变成，将分割线与侧缝线、前中线靠边，可简称为"单线靠边"操作，如图 3-42 所示。

图 3-41　　　　　　　　　图 3-42

第五步:下摆起翘量

使用【智能笔】工具，将鼠标指针放在侧缝下摆点 A 上，按 Enter 键，弹出【移动量】对话框，输入上偏移量 4，右偏移量 2，单击【确定】按钮后，偏移点确定，如图 3-43 所示。再将下摆和侧缝线连顺，如图 3-44 所示。

 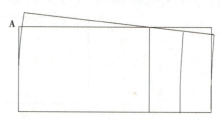

图 3-43　　　　　　　　　图 3-44

第六步：作腰省

用【等分规】工具，单击数字3（等分数），分别单击A点和B点，右键切换出现3个"小黑点"，过3个等分点用【智能笔】工具作腰口线垂线，相交于分割线，完成省中线，如图3-45所示。用【收省】工具，先单击腰线，再单击省中线，弹出【省宽】对话框，输入2，确定后，再右击确认，如图3-46所示。

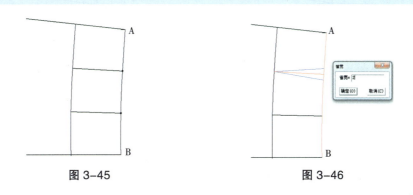

图 3-45　　　　　　　　　　图 3-46

擦除多余的线条，腰省完成后的效果如图3-47所示。

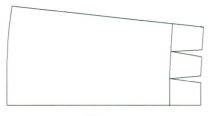

图 3-47

第七步：作对褶结构线

用【等分规】工具，单击数字3（等分数）将下摆线AB三等分，再将等分点与分割线上的C、D点相连，对褶结构线完成，如图3-48所示。

第八步：前片对称

使用【旋转】工具，先单击选择B点，再单击选择A点，即选择AB作为对称轴，线条变红后，再框选需对称的部分，完成对称操作，如图3-49所示。

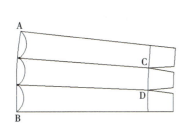　　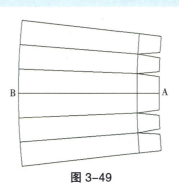

图 3-48　　　　　　　　　　图 3-49

第九步：作腰省转移

如图3-50所示，先作省1转移，选择【旋转】工具，按Shift键切换到【旋转复制】工具，先单击选中A、B、C、D闭合区域，右键确认，再单击B点作为旋转中心，单击C点作为旋转点，转动到合适位置将省1消除，单击确认，如图3-51所示。

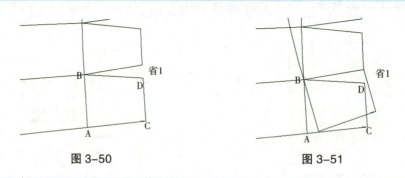

图3-50　　　　　　　　　图3-51

其他省的转移用同样方法，将多余的线条用【剪刀】工具剪断，并用【橡皮擦】工具清除，完成效果如图3-52所示。

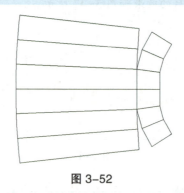

图3-52

第十步：修圆顺腰线

用【移动】工具将育克和裙身分离，如图3-53所示，再用【剪刀】工具将断线连成一整条：分别单击断线，再右击确认连接。用【调整】工具微调线条弧度，修圆顺，如图3-54所示。

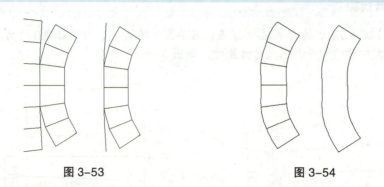

图3-53　　　　　　　　　图3-54

第十一步：褶展开

用【褶展开】工具，首先框选所有线条，右击确认，再依次单击AB线(上褶线)、CD线(下褶线），然后框选轮廓内部结构线（对褶位置结构线），在空白处单击，弹出【结构线刀褶/工字褶展开】对话框，输入上、下段褶展开量8，如图3-55所示，完成效果如图3-56所示。

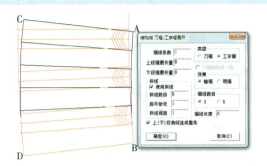

图 3-55　　　　　　　　　　　　　图 3-56

第十二步：输入纸样资料

单击菜单【纸样】→【纸样资料】，弹出【款式信息框】对话框，输入款式名称"对褶裙"，单击【确定】按钮，如图3-57所示。

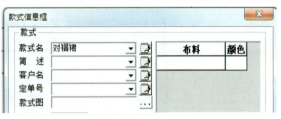

图 3-57

第十三步：剪出轮廓线，生成纸样

使用【剪刀】工具，依次单击纸样的外轮廓线条上的拐点、交叉点，直至形成封闭区域，按住Shift键，再右击，弹出【纸样资料】对话框，输入纸样名称和份数，如图3-58所示。确定后，按空格键移出样片。用同样方法，生成其他纸样，如图3-59所示。

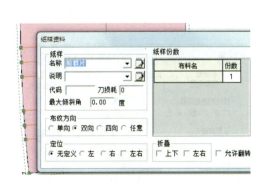
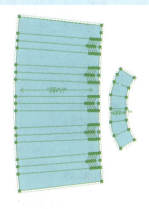

图 3-58　　　　　　　　　　　　　图 3-59

第十四步：调整缝份

系统已自动放缝1 cm，使用【加缝份】工具调整缝份。修改裙身底边的缝份为3 cm。

使用【加缝份】工具 ，按顺时针方向由底边一端点按住鼠标拖动到另一端点，放开后，弹出【加缝份】对话框，在【起点缝份量】文本框中输入"3"，选择第二种加缝份的方式，如图3-60所示，再单击【确定】按钮。

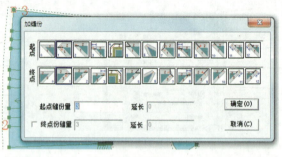

图 3-60

第十五步：调整布纹线

使用【布纹线】工具 ，在布纹线的中心处右击，每右击一次旋转45°；拖动布纹线到合适位置放开；拖动布纹线一端可以改变布纹线长度。最终布纹线效果如图3-61所示。

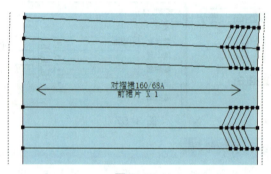

图 3-61

第十六步：输入布纹线资料并显示

要在布纹线上显示相应的纸样资料，单击菜单【选项】→【系统设置】，如图3-62所示，弹出【系统设置】对话框，如图3-63所示，选择【布纹设置】选项卡。

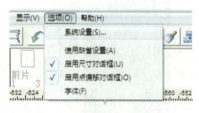

图 3-62

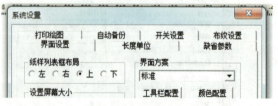

图 3-63

在【布纹设置】选项卡中进行相应操作，如图3-64所示。单击布线上方对应黑色三角按钮弹出【布纹线信息】对话框，勾选【号型名】复选框和【款式名】复选框，布纹线下方的选择是【款式名】和【布料类型】，单击【确定】按钮，相应资料就会显示在纸样上，如图3-65所示，放大后可以看清楚。全部做好之后的效果如图3-66所示。

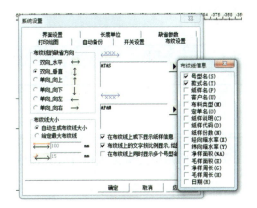
图 3-64

图 3-65

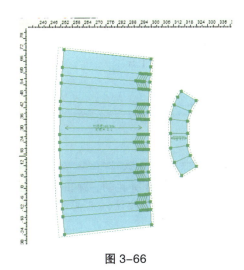
图 3-66

三、女西裤

女西裤是裤子中的基本型，前片打褶，后片收省，侧面斜插袋，效果如图 3-67 所示。女西裤规格如表 3-3 所示。

图 3-67

第三章 服装 CAD 版型设计应用

表 3-3 女西裤规格

单位：cm

号型	部位	裤长	臀围	腰围	直档	脚口
160/68A	规格	100	96	72	25	20

女西裤样板制作

注：不采用【计算器】的方法来计算尺寸数据，而是事先根据规格算好直接输入，将重点放在其他工具的运用方法上。

第一步：定框架

双击桌面快捷方式图标 [RP-DGS]，进入设计与放码系统的工作界面，使用【矩形工具】绘制一个矩形，在【矩形】对话框中输入长度 97（裤长 -3 cm 腰头宽）和高度 80，得到一个矩形框，如图 3-68 所示，单击【保存】按钮，保存为"女西裤"。

图 3-68

第二步：画基础结构线

使用【智能笔】工具单击上平线 AB 并拖动，弹出【平行线】对话框，如图 3-69 所示，在第一栏输入 22（立档线），单击【确定】按钮，完成立档线的绘制。同理，画出臀围线（立档线向上 8 cm）和中档线，如图 3-70 所示。

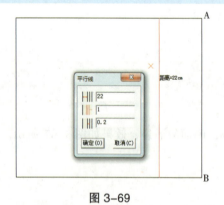

图 3-69

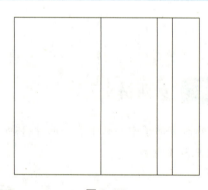

图 3-70

第三步：定臀围大线

将【智能笔】工具置于上平线 AB 上，当 A 点出现"太阳点"时单击，弹出【点的位置】对话框，输入长度值 25（后片臀围大），如图 3-71 所示，再用【智能笔】工具的"T"形尺过该点作立档线的垂线。用同样方法设置前片，完成效果如图 3-72 所示。

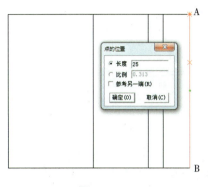

图 3-71

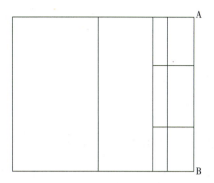

图 3-72

第四步：小档弯结构线

将【智能笔】工具 ✏ 置于立裆线 CD 上，按 F9 键调节"太阳点"在 CD 上的位置，使 E 点亮，单击弹出【点的位置】对话框，输入长度值 4（前裤片小档弯值），如图 3-73 所示。再过该点作下平线垂线，完成效果如图 3-74 所示。

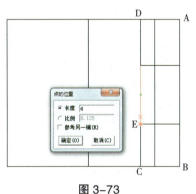

图 3-73

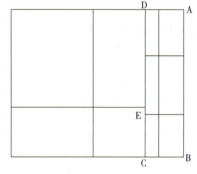

图 3-74

第五步：小档弯弧线

使用【智能笔】工具 ✏ 连接 FG。过 E 点作 FG 的垂线：按住 Shift 键，用【智能笔】工具选中 F 点并拖动，出现"三角板"图标 📐，选中 FG 线，再选中 E 点作出到 FG 的垂线，如图 3-75 所示。用【等分规】工具 ⚪⚪，单击数字 3（等分数），分别单击 E 点和 H 点，出现 3 个"小鼓包"，如图 3-76 所示。再用【智能笔】工具连顺小档弯，完成效果如图 3-77 所示。

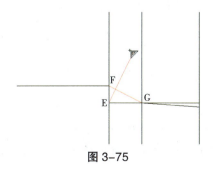

图 3-75

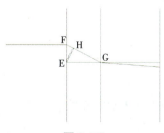

图 3-76

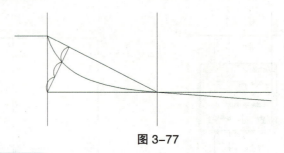

图 3-77

第六步：前片烫迹线

用【等分规】工具，单击数字2（等分数），分别单击 C 点和 F 点，出现两个"小鼓包"，过二等分点用【智能笔】工具作上平线和下平线垂线，完成烫迹线，如图 3-78 所示。

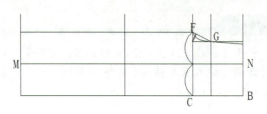

图 3-78

第七步：作裤口大和中裆大

单击【等分规】工具，按 Shift 键切换成【反向等分规】工具，单击 M 点移动鼠标指针，出现两个人"红色乘号"，再单击，弹出【线上反向等分点】对话框，在【单向长度】文本框中输入10（裤中裆大），单击【确定】按钮，出现小黑点，如图 3-79 所示。用同种方法作裤口大，完成图如图 3-80 所示。

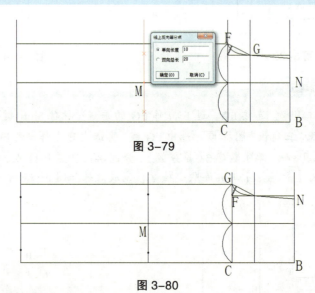

图 3-79

图 3-80

第八步：连接外侧缝和内侧缝

使用【智能笔】工具，将光标转换成连接 NFG 和 BMC。将光标放在 FG 段，右击，光标变成，调节线段的曲度，如图 3-81 所示。

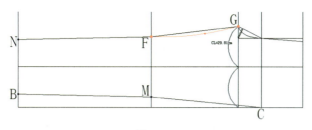

图 3-81

第九步：画后裆斜线

使用【智能笔】工具，确定 A 点（困势：3cm），连接 AC。单线靠边（任意斜线延长至另一条线）操作：用【智能笔】工具框选 AC 线，单击立裆线变绿色，光标变为 ，再右击需要靠边的一侧，如图 3-82 所示。将 AC 线延长至超出立裆线 1cm（后落裆）（操作方法：点亮 D 点，按住 Shift 键，同时右击，弹出【调整曲线长度】对话框，在【长度增减】文本框中输入 1，单击【确定】按钮，如图 3-83 所示）。

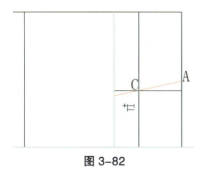

图 3-82

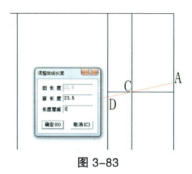

图 3-83

第十步：画大裆弯弧线

使用【比较长度】工具 下的【量角器】工具 ，先测量出角 D 的角度。操作方法：分别选中 DA 线和 DC 线，再右击，弹出【角度测量】对话框，显示角度为 102.13°，如图 3-84 所示。关闭【角度测量】对话框，选择【角度线】工具 ，单击 DA 线，再单击角顶点 D，会弹出绿色坐标线，右击切换到自己要测量的角度：102.13°/2，单击弹出【角度线】对话框，输入长度"2.5"，角度"51"，如图 3-85 所示。用【智能笔】工具连顺 AEC 并调整曲度，效果如图 3-86 所示。

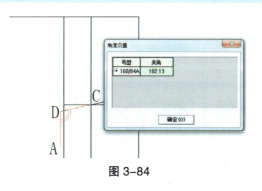

图 3-84

图 3-85

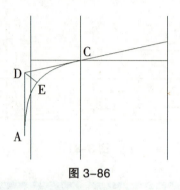

图 3-86

第十一步：完成后裤片烫迹线、裤口、侧缝线等

操作方法同前片的设置，此处不再赘述。效果如图 3-87 所示。

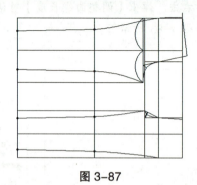

图 3-87

第十二步：画后腰省中线

使用【等分规】工具找到后腰线的二等分点，作二等分点的垂线（省长 10 cm），效果如图 3-88 所示。

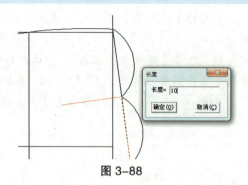

图 3-88

第十三步：画前腰倒褶

使用【智能笔】工具 ✏️，过烫迹线 B 点向下确定点 A（倒褶宽 3.5cm），过 A 点作垂线，并过 B 点作斜线，如图 3-89 所示。拉出 BC 的平行线，弹出【平行线】对话框，第一栏是第一条平行线的距离 0.5，第二栏是平行线的条数 5，第三栏是所有平行线间的间距 0.5，如图 3-90 所示。确定后效果如图 3-91 所示。用【智能笔】工具 ✏️ 框选所有平行线，单击烫迹线和褶边线，倒褶标记线完成，如图 3-92 所示。

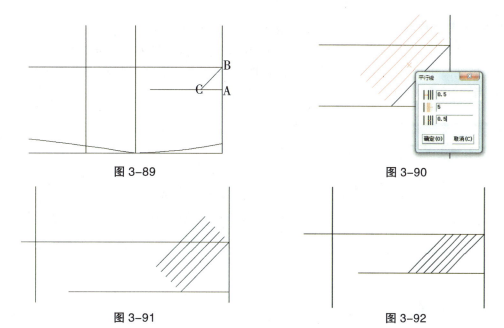

图 3-89 　　　　　　　　　　　　图 3-90

图 3-91 　　　　　　　　　　　　图 3-92

第十四步：完成图

使用【橡皮擦】工具，擦掉多余辅助线，将所有出头的线条和没有靠边的线条调整到刚好相交，完成效果如图 3-93 所示。

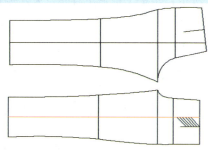

图 3-93

第十五步：剪出轮廓线，生成纸样

使用【剪刀】工具 ，依次单击纸样的外轮廓线条上的拐点、交叉点，直至形成封闭区域，按住 Shift 键，再右击，弹出【纸样资料】对话框，输入纸样名称和份数，如图 3-94 所示。确定后，按空格键移出样片。采用同样方法生成其他纸样，如图 3-95 所示。

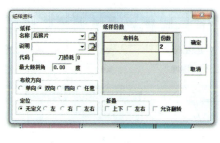

图 3-94

图 3-95

第十六步：做后腰省

使用【V形省】工具，单击省线，弹出【尖省】对话框，输入省宽数据，选择合适选项，单击【确定】按钮，如图3-96所示。调整红色腰口线至圆顺，右击结束，系统自动添加剪口和钻孔标记，如图3-97所示。

图 3-96

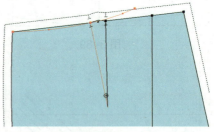

图 3-97

第十七步：调整缝份

系统已自动放缝1 cm，使用【加缝份】工具 调整缝份。

1）修改底边的缝份为3 cm。使用【加缝份】工具 ，前片按顺时针方向在B点按住鼠标拖动到A点，放开后，弹出【加缝份】对话框，在【起点缝份量】文本框中输入"3"，选择第二种加缝份的方式，如图3-98所示，单击【确定】按钮。采用相同的方法设置后片。

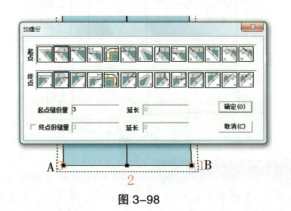

图 3-98

2）调整大裆弯缝份。对于后片大裆弯，按顺时针方向在1点按住鼠标拖动到3点，放开后，弹出【加缝份】对话框，在【起点缝份量】文本框中输入"2"，在【终点缝份量】文本框中输入"1"，选择第一种加缝份的方式，如图3-99所示，再单击【确定】按钮。

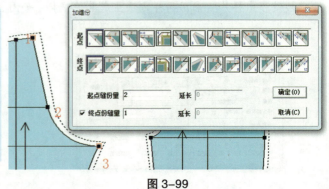

图 3-99

3）修缝份直角。在大、小裆弯处将缝份抹成直角，如图 3-100 所示，选中放码点 2，右击，在弹出的【拐角缝份类型】对话框中选择第三种放缝份的方式。

图 3-100

第十八步：调整布纹线

使用【布纹线】工具，在布纹线的中心处右击，每右击一次旋转 45°；拖动布纹线到合适位置放开；拖动布纹线一端可以改变布纹线长度。最终布纹线效果如图 3-101 所示。

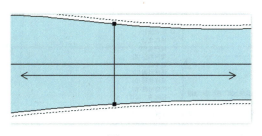

图 3-101

第十九步：输入纸样资料并显示

单击菜单【纸样】→【款式资料】，如图 3-102 所示，弹出【款式信息框】对话框，在【款式名】文本框中输入"女西裤"（一个款式只需输入一次），单击【确定】按钮，如图 3-103 所示。

图 3-102

图 3-103

要在布纹线上显示出相应的纸样资料，单击菜单【选项】→【系统设置】，如图 3-104 所示，弹出【系统设置】对话框，如图 3-105 所示，选择【布纹设置】选项卡。

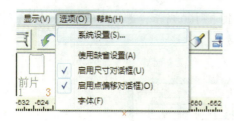
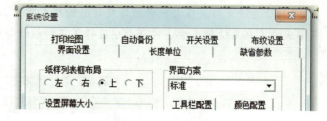

图 3-104　　　　　　　　　　　　图 3-105

在【布纹设置】选项卡中，进行相应操作，如图 3-106 所示。单击布纹线上方对应的黑色三角按钮弹出【布纹线信息】对话框，勾选【号型名】复选框和【款式名】复选框，布纹线下方的选择是【款式名】和【布料类型】，单击【确定】按钮，相应资料就会显示在纸样上，如图 3-107 所示，放大后可以看清楚。全部做好之后的效果如图 3-108 所示。

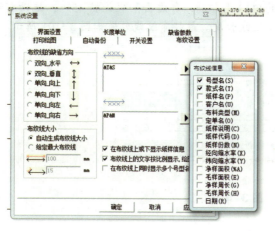
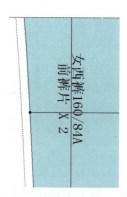

图 3-106　　　　　　　　　　　　图 3-107

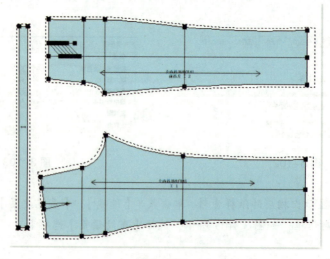

图 3-108

四、哈伦裤

哈伦裤臀围宽松，脚口收紧，形成上松下紧的形态，前裤片3个活褶，后裤片收1个省，侧面斜插袋，效果图如图3-109所示。哈伦裤规格如表3-4所示。

图 3-109

表 3-4 女西裤规格

单位：cm

号型	部位	裤长	臀围	腰围	直档	脚口
160/68A	规格	98	94	70	25	17

女西裤样板制作

第一步：定框架

双击桌面快捷方式图标 [RP-DGS]，进入设计与放码系统的工作界面，使用【矩形工具】绘制一个矩形，在【矩形】对话框中输入长度92（裤长-6 cm 腰头宽）和高度70，得到一个矩形框，如图3-110所示，单击【保存】按钮 ，保存为"哈伦裤"。

图 3-110

第二步：画基础结构线

使用【智能笔】工具单击上平线并拖动，弹出【平行线】对话框，如图3-111所示，在第一栏输入19（立档线），单击【确定】按钮，完成立档线的绘制。同理，画出臀围线（立档线向上8 cm）和中档线，如图3-112所示。

第三章

服装CAD版型设计应用

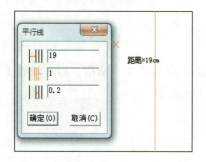

图 3-111

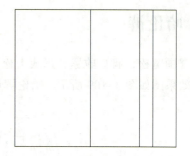

图 3-112

第三步：定臀围大线

将【智能笔】工具置于上平线AB上，当A点出现"太阳点"时单击，弹出【点的位置】对话框，输入长度值24.5（臀围大），如图3-113所示，再用【智能笔】工具的"T"形尺过该点作立裆线的垂线。用同样方法设置前片，完成效果如图3-114所示。

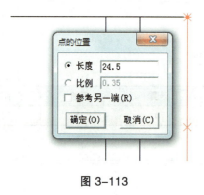

图 3-113

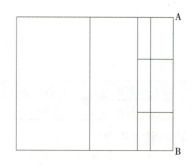

图 3-114

第四步：档弯斜线

将【智能笔】工具置于上平线CD上，按F9键调节"太阳点"，使A点亮，单击弹出【点的位置】对话框，输入长度值2（前裤片小裆弯斜线），如图3-115所示。再过该点连接C点，点亮C点，按Shift键的同时右击，弹出【调整曲线长度】对话框，在【长度增减】文本框中输入12以延长AC线，完成效果如图3-116所示。采用相同方法绘制大裆弯斜线，完成效果如图3-117所示。

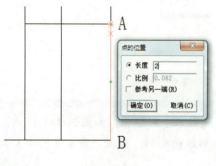

图 3-115

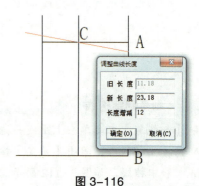

图 3-116

第五步：小档弯弧线

使用【智能笔】工具 ✏️ 过 D 点取 3 cm 点，再连接 C 点和 D 点，然后过 B 点作 CD 线的垂线：按住 Shift 键，用【智能笔】工具选中 D 点并拖动，出现"三角板"图标 📐，选中 DC 线，再选中 D 点拉出到 DC 的垂线，如图 3-117 所示。用【等分规】工具 🚗，单击数字 3（等分数），分别单击 E 点和 H 点，出现 3 个"小鼓包"，如图 3-118 所示。再用【智能笔】工具连顺小档弯，清除多余线，完成效果如图 3-119 所示。

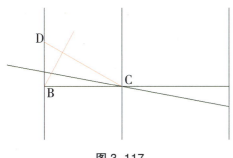
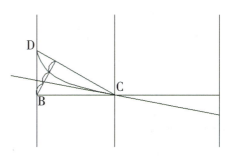

图 3-117　　　　　　　　　　　　图 3-118

第六步：前片裤口、缝线连接

使用【智能笔】工具 ✏️，过 A 点取【点的位置】为 2，再与 B 点连接，作为侧缝困势，取【点的位置】为 16 cm 作为裤口大，再连接中档和小档弯 C 点，如图 3-119 所示，用相同方法设置后片。

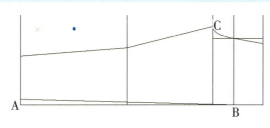

图 3-119

第七步：作大档弯

使用【智能笔】工具 ✏️，过 C 点取【点的位置】为 1，再垂直向下取【点的位置】为 7 作为档弯宽，如图 3-120 所示。用【量角器】工具 📐，依次单击 DE 线和 EF 线，再右击，测得角度为 109.94°，如图 3-121 所示。

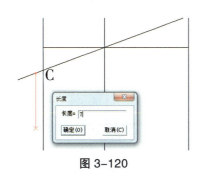
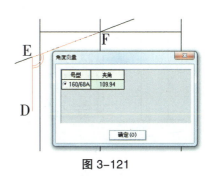

图 3-120　　　　　　　　　　　　图 3-121

再用【角度线】工具，依次单击 D 点和 E 点，弹出【角度线】对话框，输入长度值 2.5，角度值 55°（1/2∠DEF），如图 3-122 所示。用【智能笔】工具连顺大裆弯弧线，如图 3-123 所示。

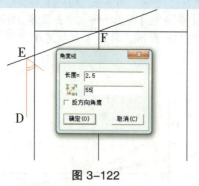

图 3-122

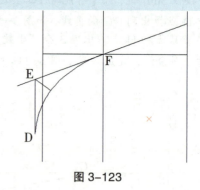

图 3-123

第八步：前腰口长

选择【智能笔】工具，按 Shift 键的同时右击，弹出【调整曲线长度】对话框，输入延长 AB 线的数值，如图 3-124 所示。再过 A 点取腰围大点（腰围 + 褶量 + 互借 =29），如图 3-125 所示。

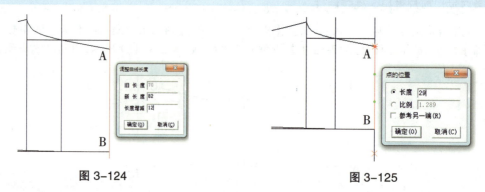

图 3-124 　　　　　　　　　　图 3-125

第九步：腰口活褶

用【等分规】工具将 AB 分为四等分，再按 Shift 键切换成【反向等分规】工具，单击各等分点移动鼠标指针，出现两个"红色乘号"，再单击，弹出【线上反向等分点】对话框，在【单向长度】文本框中输入 1.8（褶大），单击【确定】按钮，出现小黑点，如图 3-126 所示。再用【智能笔】工具过小黑点作水平线，绘制活褶标记，如图 3-127 所示。

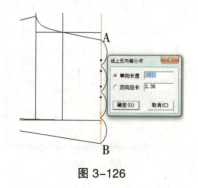

图 3-126

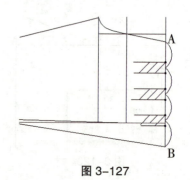

图 3-127

第一节 服装CAD下装版型设计

第十步：后腰口长

使用【智能笔】工具，用 Shift 键 + 右击的方法延长后裆斜线和上平线，参数设置如图 3-128 所示。用【圆规】工具单击 A 点不放，拖动鼠标，选中上平线，其变红后再单击，弹出【单圆规】对话框，输入长度 20（后腰围长），如图 3-129 所示。

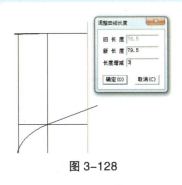

图 3-128

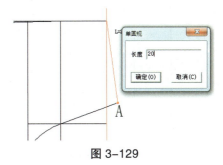

图 3-129

第十一步：后口袋位置

使用【智能笔】工具拖动腰口线，弹出【平行线】对话框，第一栏（平行宽度）输入 7（口袋位置线），如图 3-130 所示。再用【智能笔】"单线靠边"操作将平行线延长靠边，如图 3-131 所示。

图 3-130

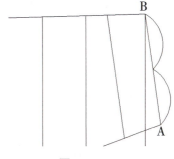

图 3-131

第十二步：后腰省

用【等分规】工具将腰线 AB 二等分，过等分点作垂线即为后腰省线交于口袋位置线，如图 3-132 所示。用【收省】工具分别单击省边 AB 和省线，弹出【省宽】对话框，输入省宽 2，调整腰口弧线至合适的位置，如图 3-133 所示。

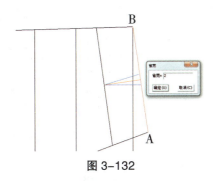

图 3-132

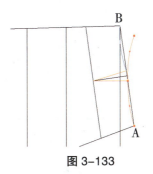

图 3-133

第十三步：后腰口袋

选择【等分规】工具，按 Shift 键切换成【反向等分规】工具，单击省尖 C 点，弹出【线上反向等分点】对话框，总长度输入 11，如图 3-134 所示。用【智能笔】工具拉出平行线，宽度为 5，如图 3-135 所示。

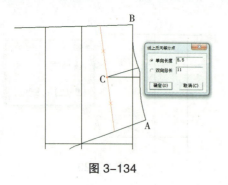

图 3-134

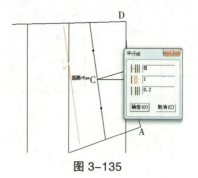

图 3-135

用【智能笔】工具过等分点作平行线的垂线，将"出头"的线"单线靠边"，完成效果如图 3-136 所示。用【圆角】工具将口袋的两个直角"抹圆"：分别框选直角的两条边并拖动，弹出【顺滑连角】对话框，输入 2，如图 3-137 所示。

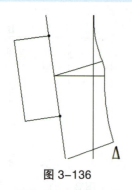

图 3-136

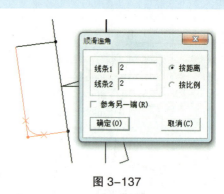

图 3-137

第十四步：腰带

用【智能笔】工具绘制矩形框（长度为 70，高度为 6），用【分割、展开】工具对矩形进行切展：框选矩形，右击确定，分别单击上褶线和下褶线，右击弹出【单向展开或去除余量】对话框，如图 3-138 所示。在【分割线条数】文本框中输入 6，在【总伸缩量】文本框中输入 6，在【处理方式】选项组中点选【保形连接】单选按钮。效果如图 3-139 所示。

图 3-138

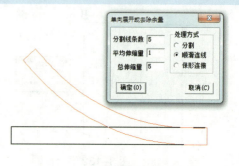

图 3-139

第十五步：完成图

使用【橡皮擦】工具 ✏️，擦掉多余辅助线，将所有出头的线条和没有靠边的线条调整到刚好相交，完成效果如图3-140所示。

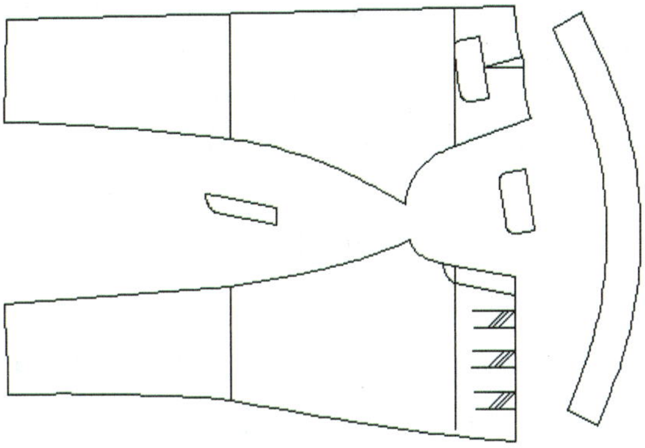

图 3-140

第十六步：剪出轮廓线，生成纸样

使用【剪刀】工具 ✂️，依次单击纸样的外轮廓线条上的拐点、交叉点，直至形成封闭区域，按住Shift键的同时右击，弹出【纸样资料】对话框，输入纸样名称和份数，如图3-141所示。确定后，按空格键移出样片。采用同样方法生成其他纸样，如图3-142所示。

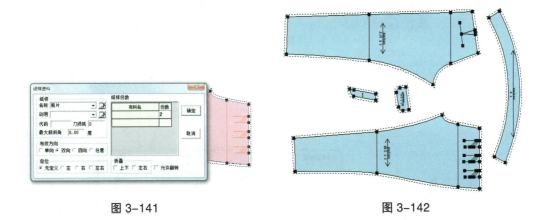

图 3-141　　　　　　　　　　图 3-142

第十七步：调整缝份

系统已自动放缝1 cm，使用【加缝份】工具 调整缝份。

1）修改底边的缝份为3 cm。使用【加缝份】工具 ，前片按顺时针方向在B点按住鼠标拖动到A点，放开后，弹出【加缝份】对话框，在【起点缝份量】文本框中输入"3"，选择第二种加缝份的方式，如图3-143所示，单击【确定】按钮。采用相同方法设置后片。

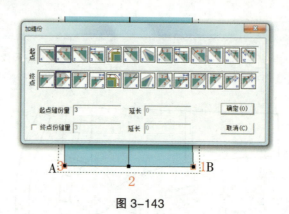

图 3-143

2）调整大裆弯缝份。后片大裆弯按顺时针方向在 1 点按住鼠标拖动到 3 点，放开后，弹出【加缝份】对话框，在【起点缝份量】文本框中输入"2"，在【终点缝份量】文本框中输入"1"，选择第一种加缝份的方式，如图 3-144 所示，再单击【确定】按钮。

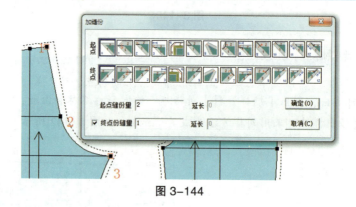

图 3-144

3）修缝份直角。在大、小裆弯处将缝份抹成直角，如图 3-145 所示，选中放码点 2，右击，选择第三种放缝份的方式。

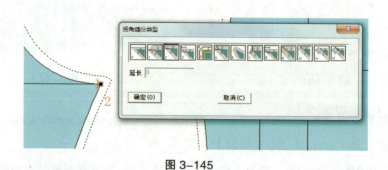

图 3-145

第十八步：调整布纹线

使用【布纹线】工具 ，在布纹线的中心处右击，每右击一次旋转 45°；单击布纹线，将其拖动到合适位置放开；单击布纹线一端拖动可以改变布纹线长度。最终布纹线效果如图 3-146 所示。

第一节

服装CAD下装版型设计

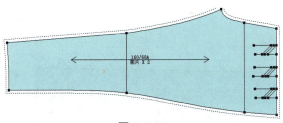

图 3-146

第十九步：输入纸样资料并显示

单击菜单【纸样】→【款式资料】，弹出【款式信息框】对话框，在【款式名】文本框中输入"哈伦裤"（一个款式只需输入一次），单击【确定】按钮，如图 3-147 所示。

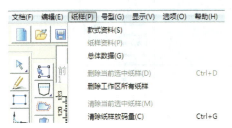

图 3-147

要在布纹线上显示出相应的纸样资料，单击菜单【选项】→【系统设置】，如图 3-148 所示，弹出【系统设置】对话框，如图 3-149 所示，选择【布纹设置】选项卡。

图 3-148　　　　　　　图 3-149

在【布纹设置】选项卡中进行相应操作，如图 3-150 所示。单击布纹线上方对应的黑色三角弹出【布纹线信息】对话框，勾选【号型名】复选框和【款式名】复选框，布纹线下方的选择是【款式名】和【布料类型】，单击【确定】按钮，相应资料就会显示在纸样上，如图 3-151 所示，放大后可以看清楚。全部做好之后的效果如图 3-152 所示。

图 3-150　　　　　　　　　　　　图 3-151

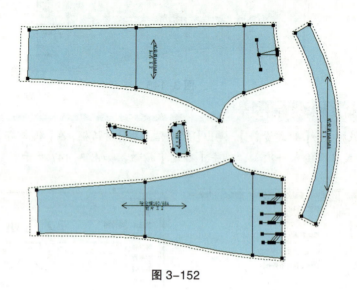

图 3-152

第二节
服装 CAD 上装版型设计

一、文化式原型

（一）文化式原型款式特征

文化式原型款式的特征：整体为合身型，长度齐腰，前片两胸省，后片有两肩省和两腰省，如图 3-153 所示。

图 3-153

（二）尺寸与放松量设计

制作女装基本型的必要尺寸包括背长、胸围、袖长。
① 背长：第七颈椎点到腰围线处的长度。
② 胸围：胸部最丰满处水平围量再加 10 cm 松量。
③ 袖长：从肩端点沿手臂所量出的长度。

（三）文化式原型制版步骤

第一步：规格设计

单击菜单【号型】→【号型编辑】，在弹出的窗口内以 160/84 号型为例，尺寸设计如图 3-154 所示。

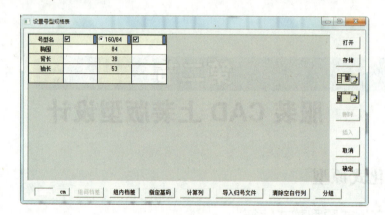

图 3-154

第二步：

用【矩形】工具绘制基础线：选择该工具拉框后，在弹出的窗口内指定水平尺寸，单击计算器图标，双击选择胸围尺寸，输入"B/2+5"后，单击确定，接着输入纵向背长尺寸，即完成了原型上平线、下平线、前中线、后中线的绘制，如图 3-155 所示。

第三步：

用【智能笔】工具绘制胸围线及侧缝线：选择该工具，放在上平线上按住不松开鼠标左键，向下移动后松开，输入与上平线的平行距离"B/6+7"后单击确定，将鼠标指针停留在胸围线上 1/2 左右处会自动抓取 1/2 等分点，抓取后单击向下画至下平线，如图 3-156 所示。

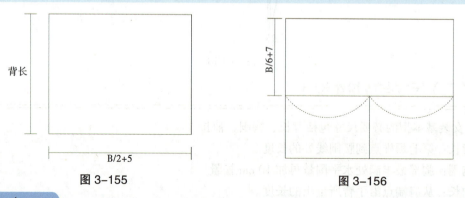

图 3-155　　　　　　　　　　图 3-156

第四步：

用【智能笔】工具绘制后背宽和前胸宽：选择该工具在后中心线上按住鼠标左键不松开同时按住 Shift 键后移动鼠标后可松开，松开鼠标后再单击上平线及胸围线，在弹出的对话框内设置"B/6+4.5"，前胸宽以前中心为参照线，方法与后背宽相同，尺寸为 B/6+3，如图 3-157 所示。

第五步：

用【智能笔】工具绘制后领宽与后领高：选择该工具在上平线上单击，在弹出的对话框内设置背宽尺寸为"B/20+2.9"，用【等分规】工具将后领宽分为三等分，取 1/3 作为后领高，如图 3-158 所示。

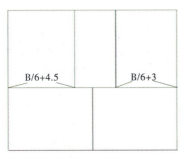

图 3-157

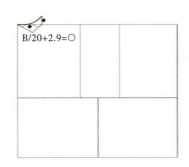

图 3-158

第六步：

用【智能笔】工具 ✐ 绘制后片落肩高等于后领宽1/3，冲肩量等于2 cm，连接侧颈点与肩端点，用【比较长度】工具 ✐ 测量肩线长度并记录，用"▲"表示，如图 3-159 所示。

第七步：

用【等分规】工具，等分袖窿深与袖窿宽，再用【智能笔】工具 ✐ 绘制袖窿弧凹势，同时完成袖窿弧线，如图 3-160 所示。

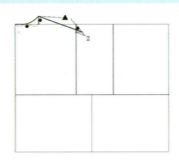

图 3-159

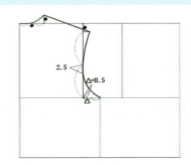

图 3-160

第八步：

用【智能笔】工具 ✐，画出偏进 2 cm 侧缝，如图 3-161 所示。

第九步：

用【智能笔】工具 ✐ 绘制后片肩省，省位距离侧颈点 4.5 cm，省宽 1.5 cm，省长 7 cm，省尖向后中水平偏移 1 cm，如图 3-162 所示。

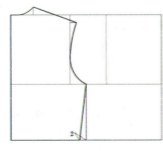

图 3-161

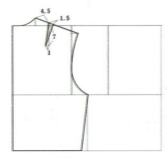

图 3-162

第十步：

用【智能笔】工具绘制前领宽与前领深，按住 Shift 键后，鼠标右键于前中心与上平线交点按住不松开后拖动鼠标，在弹出的对话中设置前领宽为 6.9 cm，前领深为 8.1 cm，单击【确定】按钮，侧颈点下 0.5 cm 定点，如图 3-163 所示。

第十一步：

用【智能笔】工具做出前片落肩量为后片的 2 倍，并做一条水平线，用【圆规】工具，量出前肩线长度为"▲ -1.5"，如图 3-164 所示。

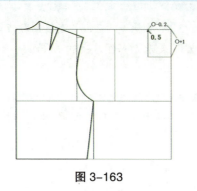

图 3-163　　　　　　　　　图 3-164

第十二步：

用【等分规】工具把前领宽分成两等分并记录，然后用【智能笔】工具绘制领口凹势，凹势为领口宽 1/2-0.3 cm，如图 3-165 所示。

第十三步：

用【等分规】工具，等分袖窿深与袖窿宽，再用【智能笔】工具绘制袖窿弧凹势，同时完成袖窿弧线，如图 3-166 所示。

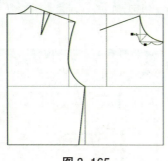　　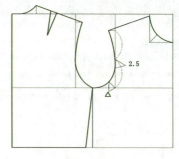

图 3-165　　　　　　　　　图 3-166

第十四步：

用【等分规】工具把前胸宽分成两等分，再用【智能笔】工具向后偏移 0.7 cm 定点，如图 3-167 所示。

第十五步：

用【智能笔】工具 ✏️ 于前中向下加出领宽 1/2，并作直角连接胸宽偏移 0.7 cm 的点，后连接后片侧缝，如图 3-168 所示。

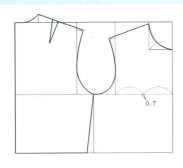

图 3-167

图 3-168

第十六步：

用【智能笔】工具 ✏️ 绘制胸腹省，省宽 6 cm，省尖袖窿深下 4 cm（BP 点），如图 3-169 所示。

第十七步：

用【智能笔】工具 ✏️ 绘制袖长及袖山高 AH/3，如图 3-170 所示。

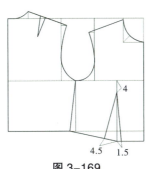

图 3-169

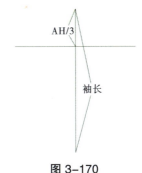

图 3-170

第十八步：

用【比较长度】工具 分别测量并记录前、后袖窿弧长，再用【圆规】工具 绘制前、后袖山斜线，同时用【等分规】工具 将袖长分成两等分并下降 2.5cm，最后用【智能笔】工具 ✏️ 绘制袖口、袖肘、袖缝线，如图 3-171 所示。

第十九步：

用【等分规】工具 分别等分前、后袖山斜线，再用【智能笔】工具 ✏️ 绘制袖山弧度，如图 3-172 所示。

第二十步：

用【等分规】工具 分别等分前、后袖口，再用【智能笔】工具 ✏️ 绘制袖口线，如图 3-173 所示。

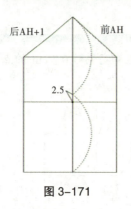

图 3-171

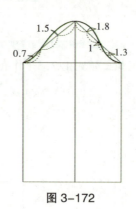

图 3-172

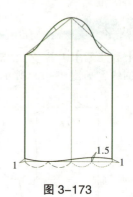

图 3-173

二、省道转移

(一) 领口省设计

1. 衣身特征

腰省合并，省量全部转移至领口处，造型依然合体，如图 3-174 所示。

图 3-174

2. 领口省设计步骤

第一步：

打开文化式原型文件。

第二步：

选择【智能笔】工具，根据领口省款式图特征画上新省线，如图 3-175 所示。

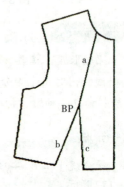

图 3-175

第三步：

选择【转省】工具 ，框取整个前片后右击，选中新省线 a 后右击，再靠近 BP 点分别单击合并起始边 b 与合并终止边 c 后，实现省道转移，如图 3-176 所示。

第四步：

调整腰口线使其圆顺，调整省尖点离BP点3 cm左右距离，使胸部造型自然雅致，使用【加省山】工具 分别单击线段a、b、c、d，如图3-177所示。

第五步：

选择【对称】工具 ，单击对称轴上（前中心线）颈点与腰点，在单击或框选对称的线条后右击，删除中心线，如图3-178所示。

图3-176

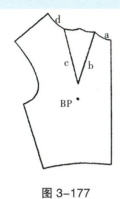
图3-177

图3-178

（二）肩省设计

1. 衣身特征

腰省部分转移至肩部，造型依然合体，如图3-179所示。

图3-179

2. 肩省设计步骤

第一步：

打开文化式原型文件。

第二步：

选择【智能笔】工具 ✎，根据肩省款式图特征画上新省线，如图 3-180 所示。

第三步：

选择【转省】工具 ，框选整个前片后右击，选中新省线 a 后右击，再靠近 BP 点分别单击合并起始边 b 与合并终止边 c 后（同时按住 Ctrl 键），实现省道转移，如图 3-181 所示。

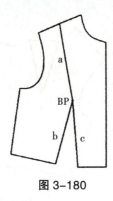

图 3-180

图 3-181

第四步：

调整腰口线到圆顺，调整省尖点离 BP 点 5～6cm 左右距离，使胸部造型自然，单击"加省山"工具 做出省道边缘，如图 3-182 所示。

第五步：

选择【对称】工具 ，单击对称轴上（前中心线）颈点与腰点，在单击或框选对称的线条后右击，删除中心线，如图 3-183 所示。

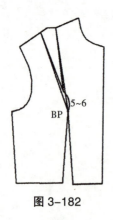

图 3-182

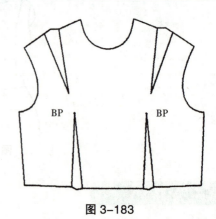

图 3-183

（三）不对称横向省设计

1. 衣身特征

腰省合并，省量全部转移至侧缝和袖窿，造型依然合体，如图 3-184 所示。

图 3-184

2. 不对称横向省设计步骤

第一步：

打开文化式原型文件。

第二步：

选择【智能笔】工具 ✏️，根据款式图特征画上新省线，如图 3-185 所示。

第三步：

选择【转省】工具 📐，框选整个前片后右击，选中新省线 a 后右击，再靠近 BP 点分别单击合并起始边 c 与合并终止边 b 后，实现省道转移，图 3-186 所示。

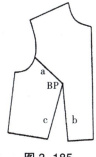

图 3-185

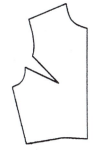

图 3-186

第四步：

选择【对称】工具 🔺，单击对称轴上（前中心线）颈点与腰点，在单击或框选对称的线条后右击，删除中心线，如图 3-187 所示。

第五步：

选择【智能笔】工具 ✏️，根据款式图特征再绘制新省线 a′ 与 f 线，如图 3-188 所示。

图 3-187

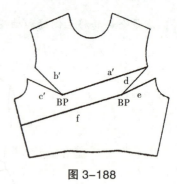

图 3-188

第六步：

选择【转省】工具 ，框选整个前片后右击，选中新省线 a′ 后右击，再靠近省尖点处单击省线 b′ 与 c′，实现省道转移，如图 3-189 所示。

第七步：

调整腰口线使其圆顺，调整省尖点离 BP 点 3 cm 左右距离，使胸部造型自然。

第八步：

选择【加省山】工具 依次单击衣片左侧缝上半部分、上侧省线、下侧省线、衣片左侧缝下半部分，为左侧省补出省道边缘线。用同样方法为右侧袖窿补出省道边缘线，如图 3-190 所示。

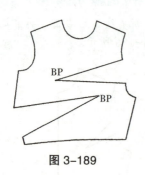

图 3-189

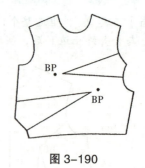

图 3-190

（四）曲线省设计

1. 衣身特征

腰省部分转移至肩部曲线中，造型依然合体，如图 3-191 所示。

图 3-191

2. 曲线省设计步骤

第一步：

打开文化式原型文件。

第二步：

选择【智能笔】工具 ✎，根据肩省款式图特征画上新省线 a1 与 a2，如图 3-192 所示。

第三步：

选择【转省】工具 ，框选整个前片后右击，选择新省线后右击，将鼠标指针靠近省尖点再单击选择侧省线 b 与 c（同时按住 Ctrl 键）后，实现省道转移，如图 3-193 所示。

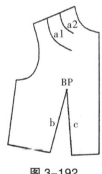

图 3-192

图 3-193

第四步：

调整腰口线使其圆顺，调整省尖点离 BP 点 3 cm 左右距离，使胸部造型自然，使用【加省山】工具 分别单击省的连线和省线，如图 3-194 所示。

第五步：

选择【对称】工具 ，单击对称轴上（前中心线）颈点与腰点，在单击或框选对称的线条后右击，删除中心线，如图 3-195 所示。

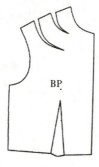
图 3-194

图 3-195

（五）育克分割与褶设计

1. 衣身特征

横向分割，线条流畅，省量部分转移至前育克中，造型依然合体且富有立体感，如图 3-196 所示。

图 3-196

2. 育克分割与褶设计步骤

第一步：

打开文化式原型文件。

第二步：

选择【智能笔】工具，根据款式图特征画上育克辅助线 AB，如图 3-197 示。

第三步：

选择【移动】工具，按分割线分开，如图 3-198 所示。

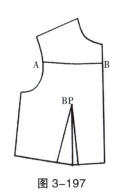

图 3-197

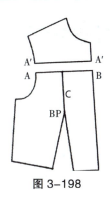

图 3-198

第四步：

选择【转省】工具 ![icon]，框选衣片，右击，选择新省线 C 线后右击，再靠近省尖点单击左省线与右省线，实现省道转移，如图 3-199 所示。

第五步：

选择【智能笔】工具 ![icon]，修顺样板，如图 3-200 所示。

图 3-199

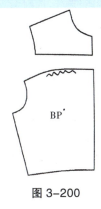

图 3-200

（六）门襟褶设计

1. 衣身特征

腰省合并，省量全部转移至前门襟，造型依然合体且富有立体感，如图 3-201 所示。

图 3-201

2. 门襟褶设计步骤

第一步：

打开文化式原型文件。

第二步：

选择【智能笔】工具，根据肩省款式图特征画上新省线 c1、c2、c3，如图 3-202 所示。

第三步：

选择【转省】工具，框选整个前片后右击，选择新省线 c1、c2、c3 后右击，再靠近省尖 BP 点分别单击左侧省线 a 与右侧省线 b，实现省道转移，如图 3-203 所示。

第四步：

选择【智能笔】工具，修顺样板，如图 3-204 所示。

图 3-202　　　　　　图 3-203　　　　　　图 3-204

（七）胸腹褶设计

1. 衣身特征

衣片在胸腹位置上有碎褶的变化，使得衣服更加美观，富有立体感，如图 3-205 所示。

图 3-205

2. 胸腹褶设计步骤

第一步：

打开文化式原型文件。

第二步：

选择【智能笔】工具 ，根据款式图特征画上褶线位置，如图 3-206 所示。

第三步：

选择【分割、展开、去除余量】工具 ，框选需要调整的线条后再右击，单击不伸缩线、伸缩线、分割线（右击确定固定侧并结束选择），在弹出的对话框中输入伸缩量，如图 3-207 所示。

第四步：

根据省道原理，调整省尖点距离 BP 点 3 cm 左右，选择【智能笔】工具 ，修顺样板，如图 3-208 所示。

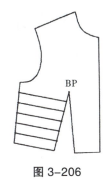
图 3-206

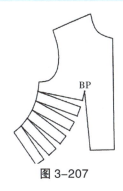
图 3-207

图 3-208

 （八）公主线设计

1. 衣身特征

腰省合并，省量部分转移至肩缝，线条优美，造型依然合体，如图 3-209 所示。

图 3-209

2. 公主线设计步骤

第一步：

打开文化式原型文件。

第二步：

选择【智能笔】工具 ✏，根据肩省款式图特征画上新省线 a，如图 3-210 所示。

第三步：

单击"转省"工具 ，框选整个前片后右击，单击新省线 a 后右击，再靠近 BP 点分别单击合并起始边 b 与合并终止边 c 后（同时按住 Ctrl 键），实现省道转移，如图 3-211 所示。

第四步：

根据造型需要，整个省宽往左偏移 1 cm，根据省道特征，重新连接分割线，删除原省线后，调整省尖点距离 BP 点 3cm 左右，使胸部造型自然，如图 3-212 所示。

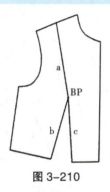 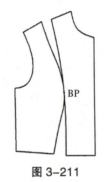 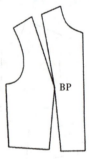

图 3-210　　　　　　图 3-211　　　　　　图 3-212

三、女衬衫

（一）女衬衫的款式特征

女衬衫的款式特征：男式衬衫领，长袖，袖口设计了袖克夫，前后有腰省，腋下左右各有一省，半紧身，整体呈 H 字造型，如图 3-213 所示。

（二）尺寸与放松量设计

衬衫的必要尺寸包括衣长、胸围、肩宽。

图 3-213

1）衣长：58 cm，背长的基础上加长 20 cm。
2）胸围：92 cm，在净胸围 84 cm 的基础上加 6~8 cm 的放松量。
3）肩宽：38 cm，是 160/84A 净肩宽减 1~2 cm。

（三）衬衫的制板步骤

1. 规格设计

单击菜单【号型】→【号型编辑】，在弹出的对话框内进行设置，以 160/84A 号型为例，尺寸设计参数如图 3-214 所示。

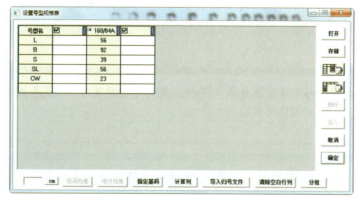

图 3-214

2. 衬衫后片制版

第一步：

用【矩形】工具绘制基础线：选择该工具绘制矩形框后，在弹出的对话框内指定水平尺寸，输入"B/4"后，单击【确定】按钮，接着输入纵向衣长尺寸 56 cm，如图 3-215 所示。

第二步：

用【智能笔】工具平行线功能绘制袖窿深"B/6+6"，再绘制腰围线 38 cm，如图 3-216 所示。

第三步：

用【智能笔】工具绘制后横领宽与后领高，直接采用原型的后领宽及后领高，如图 3-217 所示。

第四步：

用【智能笔】工具偏移功能制作肩斜，在后领高点上按 Enter 键，输入后肩斜比值 15∶5.3，再做后领开宽 0.5 cm，画顺后领弧，如图 3-218 所示。

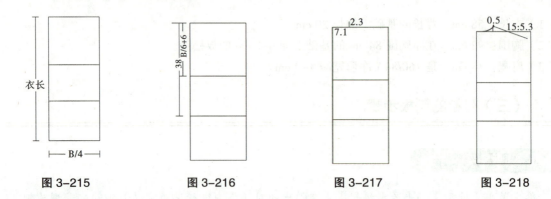

图 3-215　　　　图 3-216　　　　图 3-217　　　　图 3-218

第五步：

用【圆规】工具绘制肩宽，再用【智能笔】工具由肩端肩点水平向后中心方向画 1.8 cm，做背宽，如图 3-219 所示。

第六步：

用【等分规】工具将袖窿深分成两等份，再用【智能笔】工具绘制后袖窿弧，凹量控制在 3 cm 左右，如图 3-220 所示。

第七步：

用【智能笔】工具绘制后侧缝线与底边线，腰节收进 1.5 cm，底边放出 1 cm 起翘 1 cm，如图 3-221 所示。

第八步：

用【等分规】工具将后腰围分成两等份，再用【智能笔】工具绘制后腰省，如图 3-222 所示。

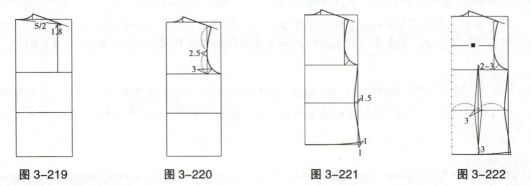

图 3-219　　　　图 3-220　　　　图 3-221　　　　图 3-222

3. 衬衫前片制版

第一步：

用【移动】工具将后片基础框移动并复制，再用【智能笔】工具将上平线上抬 2.8 cm，如图 3-223 所示。

第二步：

用【智能笔】工具 ✏️ 绘制前领宽及前领深，尺寸采取原型领宽与领深尺寸，如图 3-224 所示。

第三步：

用【智能笔】工具 ✏️ 偏移功能绘制前肩斜 15：6，前肩线比后肩线短 0.3 cm，画顺肩线及领弧线，如图 3-225 所示。

第四步：

用【智能笔】工具 ✏️ 绘制前胸宽，尺寸为背宽减 1.2 cm，如图 3-226 所示。

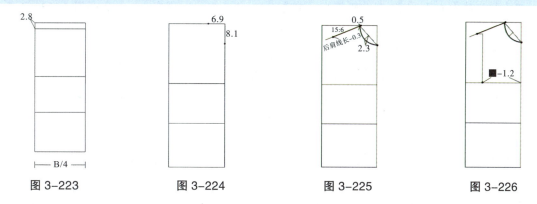

图 3-223　　　　图 3-224　　　　图 3-225　　　　图 3-226

第五步：

用【智能笔】工具 ✏️ 以胸围大点往上绘制 3 cm 胸省量，再用【等分规】工具 将袖窿深分成两等份，绘制前袖窿弧线，凹量控制在 2.3 cm 左右，如图 3-227 所示。

第六步：

用【移动】工具 将后片侧缝复制并移动后按鼠标右键切换方向后移动至前片胸围点上，如图 3-228 所示。

第七步：

用【智能笔】工具 ✏️ 由前中心加出 1.5 cm 叠门，前中加出 1 cm 衣长，底边起翘 1 cm，画顺底边线，如图 3-229 所示。

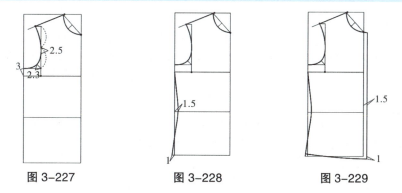

图 3-227　　　　图 3-228　　　　图 3-229

第八步：

用【智能笔】工具，胸围线上由前中心线进 9 cm 为 BP 点，侧缝下 5 cm，连接 BP 点为腋下省位置，省尖距 BP 点 3～4 cm，如图 3-230 所示。

第九步：

用【收省】工具，先单击侧缝线，再单击省线，在弹出的对话框中输入省宽 3 cm，选择省道倒向后按右键，调整合并后的省道，如图 3-231 所示。

第十步：

用【智能笔】工具绘制前腰节省，省道距 BP 点 1.5 cm，省宽 2.5 cm，如图 3-232 所示。

第十一步：

用【智能笔】工具确定最上一粒与最下一粒纽扣（扣眼）位置，再用【等分规】工具根据纽扣数量进行四等分确定所有纽扣（扣眼）位置，门襟的宽度为 3 cm，如图 3-233 所示。

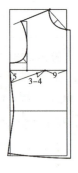
图 3-230

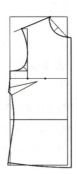
图 3-231

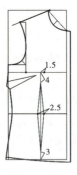
图 3-232

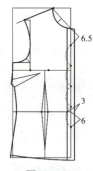
图 3-233

4. 衬衫袖制版

第一步：

用【比较长度】工具分别测量前后袖窿弧长并记录，再用【智能笔】工具绘制袖山高、袖长与袖口，如图 3-234 所示。

第二步：

用【等分规】工具分别将前、后袖山斜线分别进行等分，再用【智能笔】工具绘制袖山弧线，如图 3-235 所示。

第三步：

用【智能笔】工具绘制袖开衩和褶裥，如图 3-236 所示。

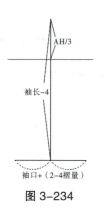
图 3-234

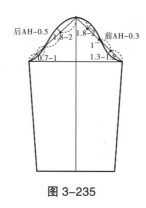
图 3-235

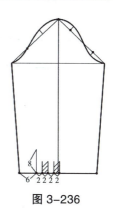
图 3-236

第四步：

用【矩形】工具绘制袖克夫和袖衩条，如图 3-237 所示。

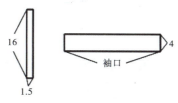
图 3-237

5. 衬衫领制版

第一步：

用【智能笔】工具绘制领底线、后领高及前领起翘量，如图 3-238 所示。

第二步：

用【等分规】工具将领底线分成三等份，再用【智能笔】工具绘制领下口线、领上口线及前领高，如图 3-239 所示。

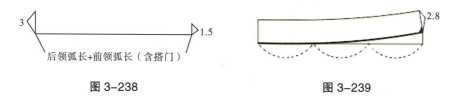

图 3-238　　　　　　　　　　　图 3-239

第三步：

用【智能笔】工具领下口线前中进 1.5 cm（叠门）后做领下口线垂直交于领上口线，并向后偏移 0.5 cm 为领面止点，再用【圆角】工具将前领口进行圆角处理，如图 3-240 所示。

第四步：

用【智能笔】工具绘制领面上口线，从领面止点上抬 1 cm，后画顺至后领高，如图 3-241 所示。

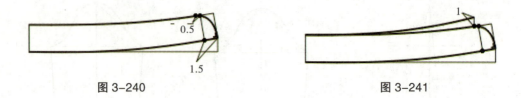

图 3-240　　　　　　　　　图 3-241

第五步：

用【智能笔】工具 ✏ 绘制领面后领宽度，领面前中宽度为 7.5 cm，画顺领外口线，如图 3-242 所示。

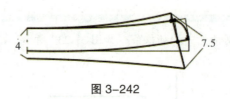

图 3-242

6. 完成全部裁片，加缝份，并做对位记号及文字说明等操作

单击菜单【纸样】→【纸样资料】，逐一对纸样进行说明，如纸样名称、布料类型与纸样份数等，并通过【剪口】工具 ✂ 做上对位记号，设置完毕后用【纸样对称】工具 👕 完成后片整个裁片，如图 3-243 所示。

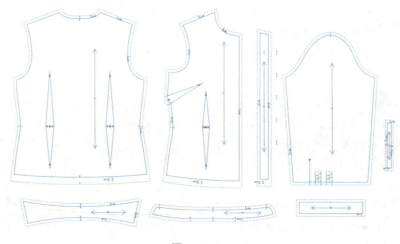

图 3-243

四、女西服

 （一）女西服的款式特征

女西服的款式特征：三粒扣、平驳领、四开身结构，利用背缝分割线突出服装的立体感，如图 3-244 所示。

第二节 服装 CAD 上装版型设计

图 3-244

（二）尺寸与放松量设计

女西服的必要尺寸包括衣长、胸围、肩宽、袖长、袖口。

1）衣长：60 cm，背长的基础上加长 22 cm。

2）胸围：94 cm，在净胸围 84cm 的基础上加 8 cm ~ 10 cm 的放松量。

3）肩宽：3 cm，是 160/84A 净肩宽。

4）袖长：56 cm，在原型袖长的基础上加 4 cm 的长度。

5）袖口：13 cm。

（三）女西服的制板步骤

1. 规格设计

单击菜单【号型】→【号型编辑】，在弹出的对话框内进行设置，以 160/84A 号型为例，尺寸设计参数如图 3-245 所示。

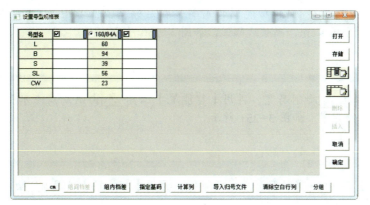

图 3-245

2. 女西服后片制版

第一步：

用【矩形】工具绘制基础线：选择该工具绘制矩形框后，在弹出的对话框内指定水平尺寸，输入"B/4+1.2"后，单击【确定】按钮，接着输入纵向衣长尺寸 60 cm，如图 3-246 所示。

第二步：

用【智能笔】工具平行线功能绘制袖窿深"B/6+6"，再绘制腰围线 38 cm，最后绘制臀围线（腰线下 18 cm），如图 3-247 所示。

第三步：

用【等分规】工具将袖窿深分成两等份，再用【智能笔】工具绘制背中缝，腰节收进 1.5 cm，底边收进 1.5 cm，如图 3-248 所示。

第四步：

用【智能笔】工具绘制后横领宽与后领高，直接采用原型的后领宽及后领高，如图 3-249 所示。

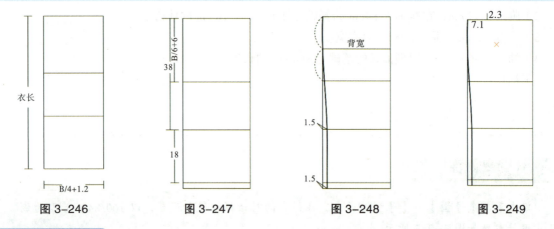

图 3-246　　　　　图 3-247　　　　　图 3-248　　　　　图 3-249

第五步：

用【智能笔】工具偏移功能制作肩斜，在后领高点上按 Enter 键，输入后肩斜比值 15：5，再做后领宽开 1 cm，画顺后领弧，如图 3-250 所示。

第六步：

用【圆规】工具绘制肩宽，再用【智能笔】工具由肩端肩点水平向后中心方向画 2 m 作为冲肩量，做背宽，如图 3-251 所示。

第七步：

用【等分规】工具将袖窿深分成两等份，再用【智能笔】工具绘制后袖窿弧，凹量控制在 3 cm 左右，如图 3-252 所示。

第二节 服装CAD上装版型设计

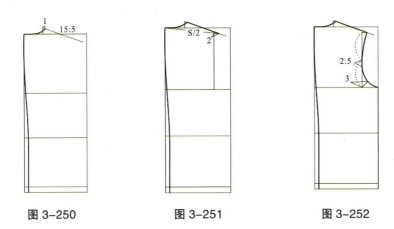

图 3-250　　　　　图 3-251　　　　　图 3-252

第八步：

用【智能笔】工具 ✎ 绘制后侧缝线与底边线，腰节收进 1.5 cm，臀围放出 1 cm，底边起翘 1 cm，如图 3-253 所示。

第九步：

用【等分规】工具 ⚙ 将后腰围分成两等份，再用【智能笔】工具 ✎ 绘制后片刀背分割线，如图 3-254 所示。

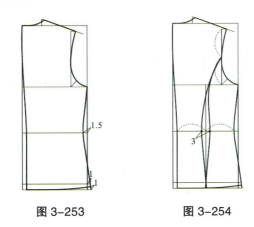

图 3-253　　　　　图 3-254

3. 女西服前片制版

第一步：

用【移动】工具 ⚙ 将后片基础框移动并复制，再用【智能笔】工具 ✎ 将上平线上抬 2.8 cm，再用【调整工具】 ▶ 将前中心线向左调整 0.9 cm，即缩小 0.9 cm 胸围，如图 3-255 所示。

第二步：

用【智能笔】工具 ✎ 绘制前撇胸为 1 cm，再绘制前领宽，尺寸采取原型领宽，然后采用偏移功能做出前肩斜，取 15∶5.5，前领开宽 1 cm，如图 3-256 所示。

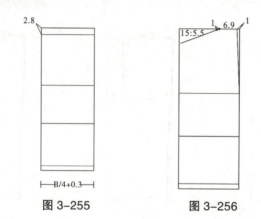

图 3-255　　　　　图 3-256

第三步：

用【智能笔】工具 ✏ 绘制前肩线，前肩线比后肩线短 0.5 cm，前领口线采取 4∶1，串口线由前中心线下 5 cm，连接领口线，并延长（延长量可自定），如图 3-257 所示。

第四步：

用【智能笔】工具 ✏ 绘制前胸宽，尺寸为背宽减 1.2 cm，在以胸围大点往上绘制 3 cm 胸省量，然后用【等分规】工具 将袖窿深分成两等份，绘制前袖窿弧线，凹量控制在 2.3 cm 左右，如图 3-258 所示。

第五步：

用【移动】工具 将后片侧缝复制并移动后按鼠标右键切换方向后移动至前片胸围点上，再用【智能笔】工具 ✏ 由前中心加出 2 cm 叠门，前中加出 1 cm 衣长，底边起翘 1 cm，画顺底边线，胸围线下 4 cm 与叠门线相交的点设为驳端点，如图 3-259 所示。

第六步：

用【智能笔】工具 ✏ ，沿肩线延长 0.8a（a 为领座宽度），直线连接驳端点，作为翻驳线，如图 3-260 所示。

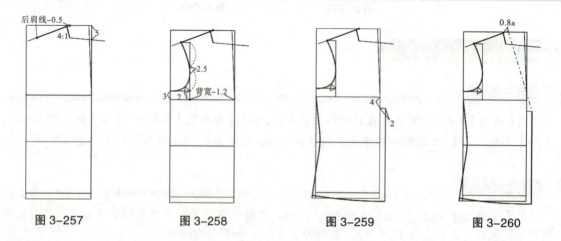

图 3-257　　　图 3-258　　　图 3-259　　　图 3-260

第七步：

用【智能笔】工具，做翻驳线的平行线与串口线相交，宽度为 7 cm，即驳头宽度，如图 3-261 所示。

第八步：

用【等分规】工具将后腰围分成两等份，再用【智能笔】工具绘制前片刀背分割线，并在胸围线上进 9 cm，连接胸省量上抬 3 cm 的点，如图 3-262 所示。

第九步：

用【旋转】工具将前侧片的胸省量进行合并，并用【调整工具】将分割线调整圆顺，如图 3-263 所示。

第十步：

用【智能笔】工具确定最上一粒及最下一粒纽扣（扣眼）位置，再用【等分规】工具，将两粒纽扣（扣眼）进行两等分，找出第三粒纽扣（扣眼）位置，最后用【智能笔】工具绘制出挂面，如图 3-264 所示。

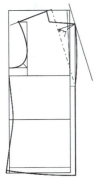
图 3-261

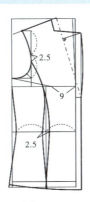
图 3-262

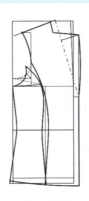
图 3-263

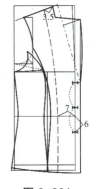
图 3-264

4. 西服领制版

第一步：

用【智能笔】工具绘制翻领松量，以侧颈点做翻折线的平行线，长度为后领弧长，再用【CR 圆弧】工具做翻领松量，如图 3-265 所示。

第二步：

用【智能笔】工具绘制领下口线、领后中线、领上口线及领嘴线，如图 3-266 所示。

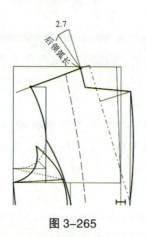

图 3-265

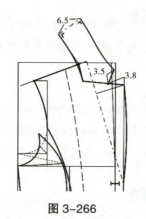

图 3-266

5. 西服袖制版

第一步：

用【比较长度】工具分别测量前后袖窿弧长并记录，再用【智能笔】工具按绘制女衬衫一片袖的方法绘制出基础的一片袖，如图 3-267 所示。

第二步：

用【等分规】工具对前、后袖肥分别进行两等分，再用【智能笔】工具将前袖口线上抬 1 cm，后袖口线下降 1 cm，如图 3-268 所示。

第三步：

用【智能笔】工具绘制前后袖基本线与袖口，如图 3-269 所示。

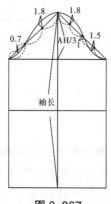

图 3-267

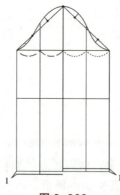

图 3-268

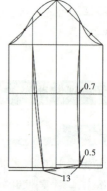

图 3-269

第四步：

用【智能笔】工具绘制大袖前偏袖线与小袖前偏袖线，如图 3-270 所示。

第五步：

用【智能笔】工具 ✏️ 绘制大袖后偏袖线与小袖后偏袖线，如图 3-271 所示。

第六步：

用【智能笔】工具 ✏️ 大绘制、小袖的袖山弧线与袖口线，如图 3-272 所示。

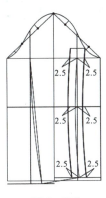
图 3-270

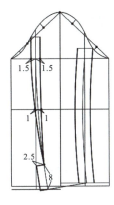
图 3-271

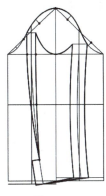
图 3-272

6. 完成全部裁片，加缝份，并做对位记号及文字说明等操作

单击菜单【纸样】→【纸样资料】，逐一对纸样进行说明，如纸样名称、布料类型与纸样份数等，并通过【剪口】工具做上对位记号，设置完毕后用【纸样对称】工具完成领子整个裁片，如图 3-273 所示。

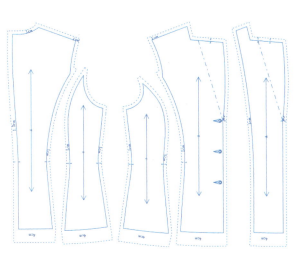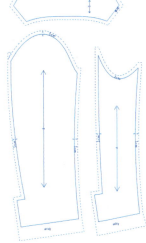

图 3-273

第四章　服装CAD放码系统功能应用

 知识目标

通过本章学习，了解服装CAD放码模块的工具，学习掌握上下装的电脑放码的方法，能灵活运用工具进行放码，达到举一反三、灵活运用的能力。

 技能目标

1. 充分理解电脑放码的设计原理，培养学生电脑放码与纸样制作能力，达到专业制图的比例准确、图线清晰、标注规范的要求。

2. 根据提供的款式结构图，进行相应的电脑结构设计与纸样放码制作。

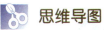 思维导图

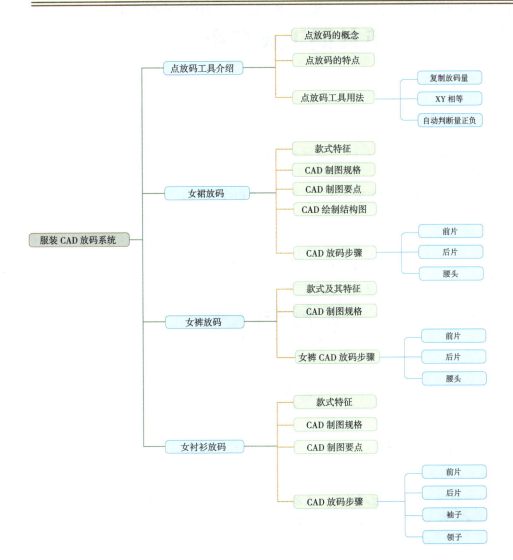

第四章 服装CAD放码系统功能应用

第一节 点放码工具介绍

富怡服装CAD版本将过去的几种放码方式简化为一种：点放码。点放码主要用到【点放码表】工具。

【点放码表】对话框（见图4-1）与【选择纸样控制点】工具配合使用，可以方便、快捷地对服装进行放码。

【点放码表】对话框里面有多种工具，下面一一介绍这些工具。

图4-1

【复制放码量】

功能：用于复制已放码点的放码值。

操作：① 选取一个已经放过码的点，点放码表中立即显示该点的各放码值。

② 单击该工具，这些放码值被临时存储起来，用于下次粘贴。

【粘贴XY】

功能：将某点在X和Y两个方向上的放码值粘贴到另一个放码点。

操作：① 单击【复制放码量】按钮，复制某一放码点的放码值。

② 单击一个与某点的放码值完全相同的点，再单击【粘贴XY】按钮即可。

【粘贴X】

功能：将某点在X方向的放码值粘贴到另一个放码点。

操作：① 单击【复制放码量】按钮，复制某一放码点的放码值。

② 单击一个与某点X方向的放码值相同的点，再单击【粘贴X】按钮即可。

第一节 点放码工具介绍

【粘贴Y】

功能：将某点在Y方向的放码值粘贴到另一个放码点。

操作：① 单击【复制放码量】按钮，复制某一放码点的放码值。

② 单击一个与某点Y方向的放码值相同的点，再单击【粘贴Y】按钮即可。

【X取反】

功能：使某一点的放码值在水平方向取向相反，即由"+X"变为"-X"，或由"-X"变为"+X"。

操作：单击一个放码点，再单击【X取反】按钮。

【Y取反】

功能：使某一点的放码值在垂直方向取向相反，即由"+Y"变为"-Y"，或由"-Y"变为"+Y"。

操作：单击一个放码点，再单击【Y取反】按钮。

【XY取反】

功能：使某一点的放码值在水平方向和垂直方向取向取反。

操作方法：单击一个放码点，再单击【XY取反】按钮。

【根据档差类型显示号型名称】

功能：没选中该按钮时，显示号型规格表中的各码名称。选中该按钮时，还可以从下拉菜单中选择【相对档差】、【绝对档差】、【从小到大】来显示不同的号型名称。

【所有组】

功能：应用于分组放码。在放码时，如果未选中该按钮，放码指令只对本组有效。如果选中该按钮，所有组全部放码。

【只显示组基码】

功能：应用于分组放码。当选中该按钮时，点放码表号型下只显示基码组。非选中状态下，基码组与组内其他码全部显示。

【角度放码】

功能：更改放码坐标轴的角度，在本软件中，工作区内的坐标轴默认为水平方向和垂直方向，如果要更改坐标轴方向，就要使用该工具。

操作：① 单击该按钮，工作区的放码点会出现坐标轴，在点放码表出现角度文本框，输入坐标轴旋转的角度。

② 也可以单击 >> 按钮，弹出下拉菜单，选择其中的内容，设定坐标轴的角度。

第四章

服装CAD放码系统功能应用

◀【前一放码点】

功能：选择前一个放码点。

操作：①用【选择纸样控制点】工具单击一个点。

②单击【前一放码点】按钮◀，弹出下拉菜单，选择其中的内容，设定坐标轴的角度。

▶【后一放码点】

功能：选择后一个放码点。

操作：①用【选择纸样控制点】工具单击一个点。

②单击【后一放码点】按钮▶，系统按顺时针方向选中下一个放码点。

【X相等】

功能：使某点在X方向上均等放码。

操作：①用【选择纸样控制点】工具单击某一个放码点。

②在【点放码表】对话框中输入放码值，再单击该按钮即可。

【Y相等】

功能：使某点在Y方向上均等放码。

操作：1）用【选择纸样控制点】工具单击某一个放码点。

2）在【点放码表】对话框中输入放码值，再单击该按钮即可。

【XY相等】

功能：使某点在X、Y方向上均等放码。

操作：①用【选择纸样控制点】工具单击某一个放码点。

②在【点放码表】对话框中输入放码值，再单击该按钮即可。

【X不等距】

功能：使某点在X方向上放码，用于各号型的放码值不一定相等的情况。

操作：①用【选择纸样控制点】工具单击某一个放码点。

②在【点放码表】对话框中输入每个号型不同方向的放码值，再单击该按钮即可。

【Y不等距】

功能：使某点在Y方向上放码，用于各号型的放码值不一定相等的情况。

操作：①用【选择纸样控制点】工具单击某一个放码点。

②在【点放码表】对话框中输入每个号型不同方向的放码值，再单击该按钮即可。

点放码工具介绍

【XY 不等距】

功能：使某点在 X、Y 方向上放码，用于各号型的放码值不一定相等的情况。

操作：① 用【选择纸样控制点】工具单击某一个放码点。

② 在【点放码表】对话框中输入每个号型不同方向的放码值，再单击该按钮即可。

【X 等于零】

功能：将某点水平方向的放码值变为零。

操作：① 用【选择纸样控制点】工具单击某一个放码点。

② 在【点放码表】对话框中输入放码值，再单击该按钮即可。

【Y 等于零】

功能：将某点垂直方向的放码值变为零。

操作：① 用【选择纸样控制点】工具单击某一个放码点。

② 在【点放码表】对话框中输入放码值，再单击该按钮即可。

【自动判断量正负】

功能：选中该图标时，不论输入的放码量是正数还是负数，计算机会自动判断出正负。

第二节 女裙放码

一、规格表设计

基础裙规格表设计如表4-1所示。

表4-1 基础裙规格表设计

单位：cm

规格\号型	150/60A	155/64A	160/68A	165/72A	170/76A	档差
裙长	54	83	58	60	62	2
腰围	60	64	68	72	76	4
臀围	84	88	92	96	100	4
臀高	17	17.5	18	18.5	19	0.5

二、打开文件

单击【打开】按钮 ，找到路径，打开基础裙纸样文件。

三、编辑放码号型

1）单击菜单【号型】→【号型编辑】，在弹出的对话框中设置号型名称，如图4-2所示。

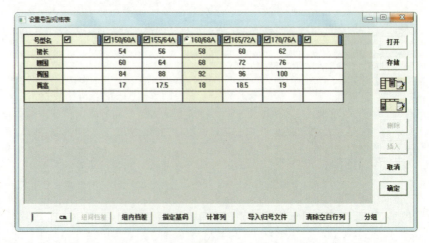

图4-2

第二节 女裙放码

2）单击快捷工具栏中的【颜色设置】图标 ◎，在弹出的【设置颜色】对话框中设置各码颜色及号型规格，如图4-3所示。

图 4-3

✂ 四、选择放码方式

单击快捷工具栏中的【点放码表】按钮 ，在弹出的【点放码表】对话框中设置放码方式，如图4-4所示。

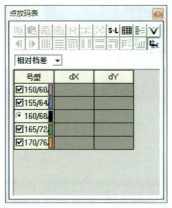

图 4-4

✂ 五、设计放码基准线与基准点

1）水平基准线：前、后片均为臀围线。
2）纵向基准线：前片为前中心线，后片为后中心线。
3）基准点：前片、后片均为水平基准线与纵向基准线的交点。

✂ 六、放码操作步骤

采用均码放码方式在放码时，只要在与基码相邻的小码文本框内输入相对基码的坐标，执行【XY相等】、【X相等】或【Y相等】命令即可放码；对于非均码放码方式，一定要在除基码外的所有大、小码文本框中输入放码数据，执行【XY不相等】、【X不相等】或【Y不相等】命令才能放码。

111

第四章

服装CAD放码系统功能应用

1. 前裙片放码

第一步：

单击【选择纸样控制点】工具按钮，选择需放码点B点，即前中腰围点，激活【点放码表】对话框，输入155/64A号型相对基准码坐标数据（0，-0.5），再单击【Y相等】按钮或【XY相等】按钮，放码后效果如图4-5所示。

第二步：

单击【选择纸样控制点】工具按钮，框选放码点B1三个点（即省宽点和省尖点），输入155/64A号型相对基准码坐标数据（0.33，-0.5），再单击【XY相等】按钮，放码后效果如图4-6所示。

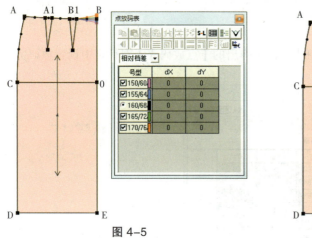
图 4-5

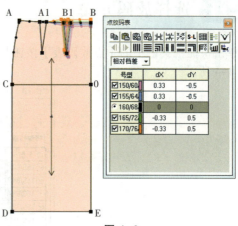
图 4-6

第三步：

单击【选择纸样控制点】工具按钮，框选放码点A1三个点（即省宽点和省尖点），输入155/64A号型相对基准码坐标数据（0.67，-0.5），再单击【XY相等】按钮，放码后效果如图4-7所示。

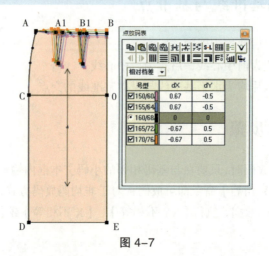
图 4-7

第二节 女裙放码

第四步：

选择需放码点 A 点（即前侧腰围点），输入 155/64A 号型相对基准码坐标数据（1，-0.5），再单击【XY 相等】按钮，放码后效果如图 4-8 所示。

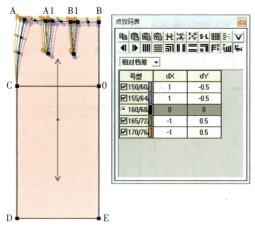

图 4-8

第五步：

选择需放码点 C 点（即前侧臀围点），输入 155/64A 号型相对基准码坐标数据（1，0），再单击【X 相等】按钮 ||||或【XY 相等】按钮 司，放码后效果如图 4-9 所示。

第六步：

由于 O 点为坐标基准点，该点的坐标值为（0，0）。

第七步：

选择需放码点 D 点（即前侧下摆点），输入 155/64A 号型相对基准码坐标数据（1，1.5），再单击【XY 相等】按钮 司，放码后效果如图 4-10 所示。

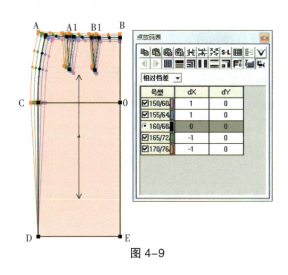
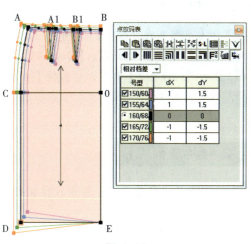

图 4-9   图 4-10

113

第八步：

选择需放码点E点（即前中下摆点），输入155/64A号型相对基准码坐标数据（0，1.5），再单击【Y相等】按钮 ≡ 或【XY相等】按钮 ⊼，放码后效果如图4-11所示。

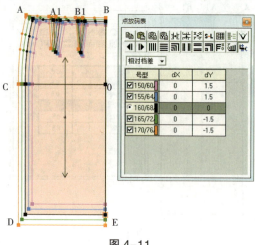

图4-11

2. 后片放码

第一步：

后片的需放码的点及放码量与前片一致，为了避免重复工作，后片放码可采用【拷贝点放码量】工具 ，复制前片各对应放码点的放码至后片相对应的放码点上。复制放码量有两种形式，一种是逐点对应复制，另一种是多点对应复制，甚至是整个样片放码量的复制。多点复制时，放码点数必须一一相对应且样片方向相同。

第二步：

选择【水平垂直翻转】按钮 ，将后片翻转成与前片相同方向，再选择【拷贝点放码量】工具 ，进行逐点复制或多点复制，复制完成后再用【水平垂直翻转】按钮 ，将翻回原方向，放码后效果如图4-12所示。

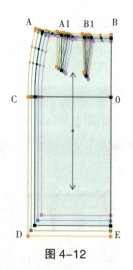

图4-12

3. 腰片放码

设定A点为坐标基准点，腰围只推长度。腰围大点C与D放码坐标数据为（-4，0），放码后效果如图4-13所示。

第二节　女裙放码

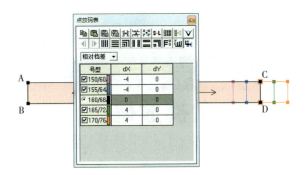

图 4-13

至此放码完成，最终效果如图 4-14 所示。

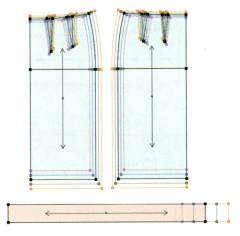

图 4-14

第三节 女裤放码

女裤的放码参数如图 4-15 所示。

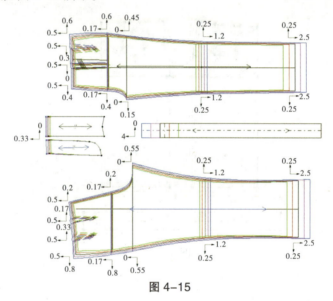

图 4-15

一、规格表设计

女裤规格表设计，如表 4-2 所示。

表 4-2 女裤规格表设计

单位：cm

规格\号型	150/60A	155/64A	160/68A	165/72A	170/76A	档差
裤长	94	97	100	103	106	3
腰围	62	66	70	74	78	4
臀围	88	92	96	100	104	4
脚口	20	21	22	23	24	0.5

二、裤子放码的操作步骤

第一步：

双击桌面快捷方式图标【RP-DGS】，进入设计与放码系统的工作界面，单击【打开】按钮，弹出【打开】对话框，选择"女西裤－放缝"，单击【打开】按钮，单击菜单【文件】→【另存为】，将文件另存为"女西裤－放码"。

单击菜单【号型】→【号型编辑】，弹出【设置号型规格表】对话框，输入号型名称、部位尺寸、数据，完成以后单击【确定】按钮，如图4-16所示。

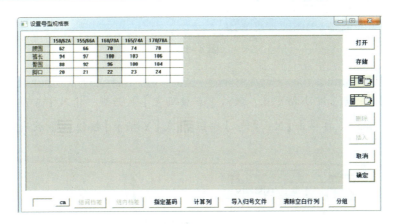

图 4-16

第二步：

单击【颜色设置】工具弹出【设置颜色】对话框。单击【号型】选项卡，再单击左边列表中的号型名称，然后单击右边列表中的颜色，给不同的号型设置不同的颜色，单击【确定】按钮，如图4-17所示。

图 4-17

第三步：

单击【点放码表】工具，弹出【点放码表】对话框。单击【选择与修改】按钮，选择需放码点A点，即腰围前中点，激活【点放码表】对话框，输入155/66A号码相对基准码坐标数据（-0.5，-0.4），再单击【XY相等】按钮，放码后效果如图4-18所示。

第四步：

选择需放码点 B 点，即腰围侧缝点，激活【点放码表】对话框，输入 155/66A 号码相对基准码坐标数据（-0.5，0.6），再单击【XY 相等】按钮，放码后效果如图 4-18 所示。

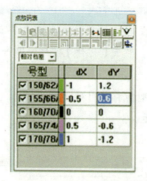 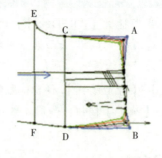

图 4-18

第五步：

选择需放码点 E 点，即小裆宽点，激活【点放码表】对话框，输入 155/66A 号码相对基准码坐标数据（0，-0.45），再单击【XY 相等】按钮或【Y 相等】按钮，放码后效果如图 4-19 所示。

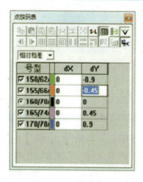 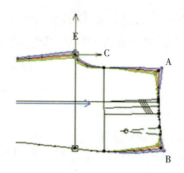

图 4-19

第六步：

选择放了码的 E 点，即小裆宽点，激活【点放码表】对话框，单击【复制放码量】按钮或按快捷键 Ctrl+C，再选择需放码 F 点，即横裆侧缝点，然后在单击【粘贴 XY】按钮后再单击【Y 取反】按钮，放码后效果如图 4-20 所示。

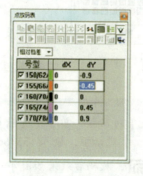 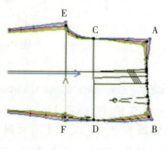

图 4-20

118

第三节 女裤放码

第七步：

选择需放码点 C 点，即臀围线前中点，激活【点放码表】对话框，输入 155/66A 号码相对基准码坐标数据（-0.17，-0.4），再单击【XY 相等】按钮，放码后效果如图 4-21 所示。

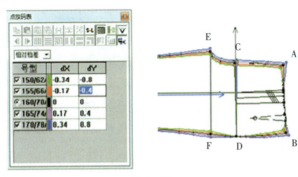

图 4-21

第八步：

选择需放码点 D 点，即臀围线侧缝点，激活【点放码表】对话框，输入 155/66A 号码相对基准码坐标数据（-0.17，0.6），再单击【XY 相等】按钮，放码后效果如图 4-22 所示。

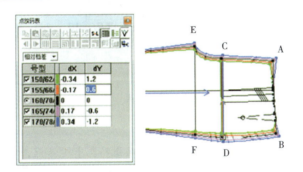

图 4-22

第九步：

选择需放码点 G 点，即脚口大内侧点，激活【点放码表】对话框，输入 155/66A 号码相对基准码坐标数据（2.5，-0.25），再单击【XY 相等】按钮，放码后效果如图 4-23 所示。

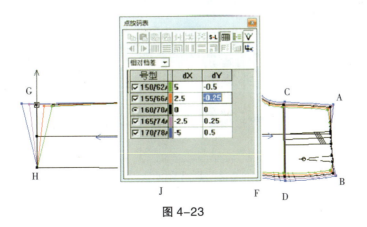

图 4-23

第十步：

选择放了码的G点,单击【复制放码量】按钮 📋 或按快捷键Ctrl+C,然后选择需放码点H点,即脚口大外侧缝点,在单击【粘贴XY】按钮 📋 后单击【Y取反】按钮 ⇥,放码后效果如图4-24所示。

第十一步：

选择需放码点I点,即中档线内侧点,激活【点放码表】对话框,输入155/66A号码相对基准码坐标数据（1.2,-0.25）,单击【XY相等】按钮 ⇥,然后单击【复制放码量】按钮 📋 或按快捷键Ctrl+C,再选择需放码点J点,即中档线外侧点,单击【粘贴XY】按钮 📋 后再单击【Y取反】按钮 ⇥,如图4-24所示。

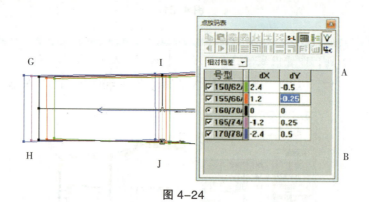

图 4-24

第十二步：

选择需放码点A1点,即褶裥前中点,激活【点放码表】对话框,输入155/66A号码相对基准码坐标数据（-0.5,0）,再单击【XY相等】按钮 ⇥,放码后效果如图4-25所示。

第十三步：

单击【复制放码量】按钮 📋 或按快捷键Ctrl+C,然后选择需放码点A2点,即A褶裥宽点,单击【粘贴XY】按钮 📋,放码后效果如图4-25所示。

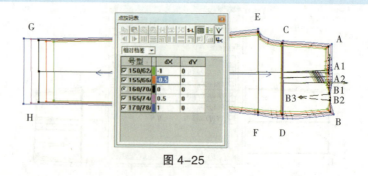

图 4-25

第三节　女裤放码

第十四步：

按上述方法推出省道各点，它们的坐标分别为 B0(-0.5, -0.3)、B1(-0.5, 0.3)、B2(-0.5, 0.3)，放码后效果如图 4-26 所示。

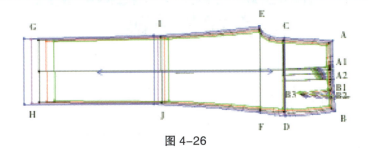

图 4-26

第十五步：

单击【拷贝点放码量】工具 ，在【拷贝放码量】对话框中选中【XY】单选按钮，鼠标指针变成 ，单击前裤片放码点，鼠标指针变成 ，再单击后裤片相应的放码点，即可复制相同的放码量，如图 4-27 所示。

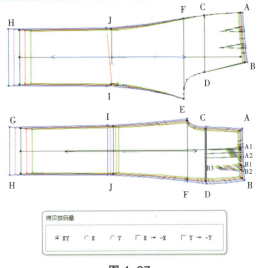

图 4-27

第十六步：

同样将裤腰头、门襟、里襟放码，门襟与里襟只推长度，推版数据可以用腰围上的水平放码数据减去臀围线水平放码数据获得，放码坐标为（-0.33, 0），效果如图 4-28 所示。

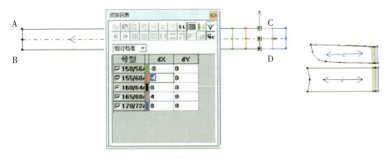

图 4-28

第四节 女衬衫放码

女衬衫的放码参数如图 4-29 所示。

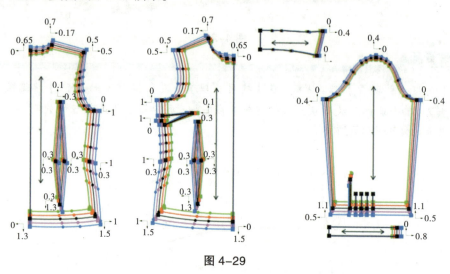

图 4-29

 一、规格表设计

女衬衫规格表设计如表 4-3 所示。

表 4-3 女衬衫规格表设计

单位：cm

号型 规格	150/76A	155/80A	160/84A	165/88A	170/92A	档差
衣长	62	64	66	68	70	2
胸围	86	90	94	98	102	4
肩宽	36.6	37.8	39	40.2	41.4	1
领围	36	37	38	39	40	0.8
背长	36	37	38	39	40	1
袖长	53	54.5	56	57.5	59	1.5
袖口	28.4	29.2	30	30.8	31.6	0.8

二、衬衫放码的操作步骤

第一步：

双击桌面快捷方式图标【RP-DGS】，进入设计与放码系统的工作界面，单击【打开】按钮，弹出【打开】对话框，选择"女衬衫－放缝"，单击【打开】按钮，单击菜单【文件】→【另存为】，将文件另存为"衬衫－放码"。

单击菜单【号型】→【号型编辑】，弹出【设置号型规格表】对话框，输入号型名称、部位尺寸、数据，完成以后单击【确定】按钮，如图4-30所示。

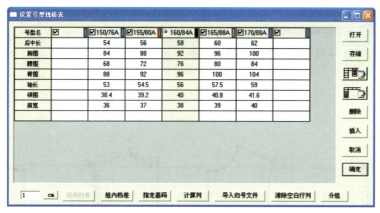

图 4-30

第二步：

单击【颜色设置】工具，弹出【设置颜色】对话框。单击【号型】选项卡，再单击左边列表中的号型名称，然后单击右边列表中的颜色，给不同的号型设置不同的颜色，单击【确定】按钮，如图4-31所示。

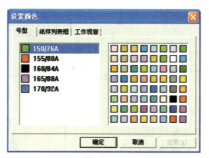

图 4-31

第三步：

单击【选择与修改】工具，选择需放码点A点，即后领深点，激活【点放码表】对话框，输入155/80A号码相对基准码坐标数据（0，-0.6），再单击【Y相等】按钮或【XY相等】按钮，放码后效果如图4-32所示。

第四章
服装CAD放码系统功能应用

第四步：

同理推出后衣片轮廓线上各点需放码点B、C、e1、E、J、H、F、I点，它们的推版坐标分别为B（-0.17，-0.7）、C（-0.5，-0.5）、e1（-0.6，-0.17）、E（-1，0）、J（-1，0.3）、H（-1,1.3）、F（0，1.3）、I（0,0.3）。放码后效果如图4-32所示。

第五步：

后片省道上各点放码坐标为a1（-0.3，-0.1）、a2（-0.3，0.3）、a3（-0.3，0.3）、a4（-0.3，1.3）。放码后效果如图4-32所示。

第六步：

使用【水平翻转】工具调整前片纸样，如图4-33所示。

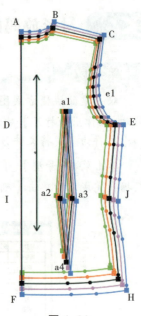

图4-32

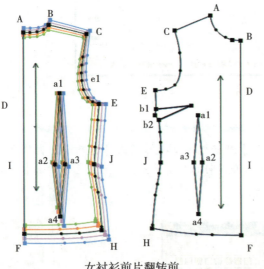
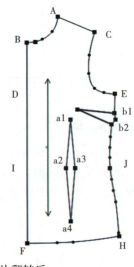

女衬衫前片翻转前　　　　女衬衫前片翻转后

图4-33

第七步：

选择【拷贝点放码量】工具，选择后片A点到E点，复制领圈、小肩宽、袖窿弧线放码量，然后再选择前片A点到E点，粘贴领圈、小肩宽、袖窿弧线放码量，放码后效果如图4-34所示。

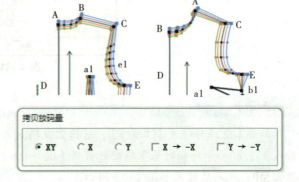

图4-34

第四节
女衬衫放码

第八步：

选择【拷贝点放码量】工具，选择后片J点到I点，复制侧下缝、底边、腰节线放码量，然后选择前片J点到I点，粘贴侧下缝、底边、腰节线放码量，放码后效果如图4-35所示。

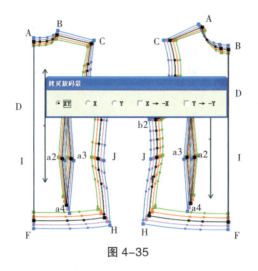

图 4-35

第九步：

省道大点b1与b2的放码坐标数据均为（-1,0），同理推出前片上省道与挂面上各点，放码后效果如图4-36所示。

第十步：

袖子轮廓各点放码坐标分别为A（-0,-0.4）、B（0.4,0）、C（-0.4,0）、D（0.5,1.1）、E（-0.5,1.1），袖子开衩及袖口褶裥各点放码坐标可参照D点。放码后效果如图4-37所示。

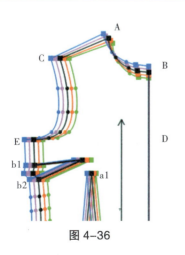

图 4-36

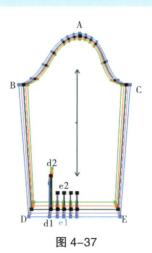

图 4-37

第十一步：

袖克夫放码只放码长度，A点与B点的放码坐标均为（-0.8,0），放码后效果如图4-38所示。

第四章
服装CAD放码系统功能应用

第十二步：

领子只放码长度，A点与B点的放码坐标为A(0，0.4)、B(0，0.4)，放码后效果如图4-39所示。

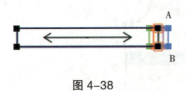

图4-38　　　　　　　　　　　图4-39

第五章　服装 CAD 放码排料系统及功能应用

 知识目标

　　通过本章学习，了解服装 CAD 排料模块的工具，学习掌握上下装的电脑排料的方法，能灵活运用工具进行排料，达到举一反三、灵活运用的能力。

 技能目标

　　1. 充分理解电脑排料的方法，培养学生电脑排料与纸样摆放的能力，达到专业排料的规范性要求。
　　2. 根据前面完成的结构图或放码后的结构图，进行相应的电脑排料练习。

第五章 服装 CAD 放码排料系统及功能应用

 思维导图

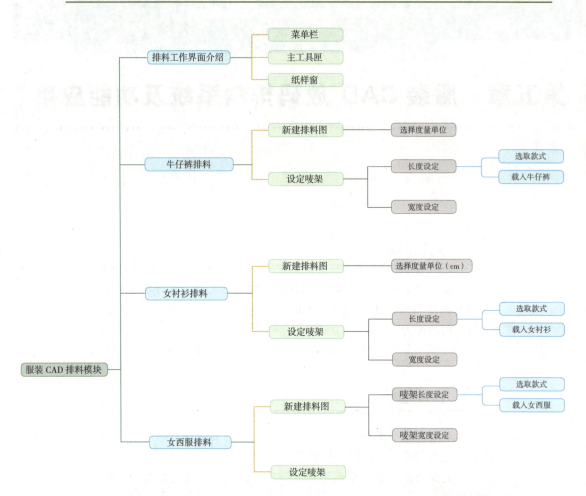

第一节 排料系统工作界面

排料系统的工作界面包括菜单栏、主工具匣、纸样窗、尺码列表框、唛架工具匣、超排工具匣、主唛架区、辅唛架区、状态栏等，如图 5-1 所示。

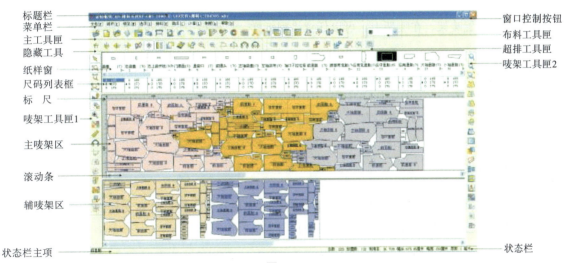

图 5-1

✂ 一、菜单栏

菜单栏用于显示命令列，命令旁边有快捷键，有些命令可在工具栏中找到相应的图标，可以通过快捷键或单击相应的图标执行命令。

✂ 二、主工具匣

主工具匣用于放置常用命令，可以完成文档的建立、打开、存储、打印等操作。

✂ 三、纸样窗

纸样窗中放置着文件中的所有纸样。

四、尺码列表框

每个小纸样框都对应着一个尺码表，尺码表中陈列着每个纸样的所有号型及每个号型的纸样片数。

五、唛架工具匣1、唛架工具匣2、超排工具匣

这3个工具匣存放着许多工具图标，可以对唛架上的纸样进行多种操作。

六、主唛架区

工作区内放置唛架，在唛架上，可以任意排列纸样，以取得最节省布料的排料方式。

七、辅唛架区

将纸样按码数分开排列在辅唛架上，按需要将纸样调入主唛架工作区排料。

八、状态栏

状态栏位于系统界面的最底部，显示了排料的主要信息，主要有排料文件的总样片数、放入唛架的样片数、唛架的利用率、设定的唛架的长与宽及层数等。

第二节
排料系统工具

一、菜单栏工具

菜单栏包含文档、纸样、唛架、选项、排料、裁床、计算、制帽、系统设置、帮助等 10 个菜单，单击其中之一，随即出现一个下拉式菜单，如果命令为灰色，则代表该命令在目前的状态下不能执行。命令右边的字母代表该命令的键盘快捷键，按下该快捷键可以迅速执行该命令，有助于提高操作效率。以下对其基本用途进行介绍。

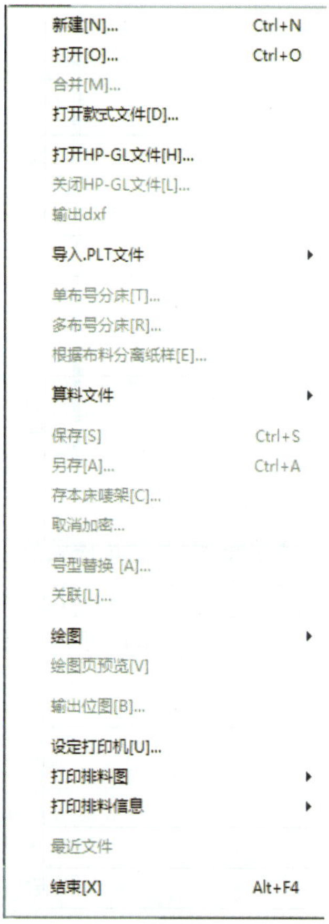

1.【文档】菜单

【文档】菜单用于执行新建、打开、合并、保存、绘图和打印等命令，如图 5-2 所示。

有些命令在主工具栏有对应的快捷图标，请参阅后面主工具栏介绍，这里介绍一下没有快捷图标的菜单。

图 5-2

打开 HP-GL 文件

功能：用于打开 HP-GL 文件（其他 CAD 软件输出的 HP-GL 格式的绘图文件）。

关闭 HP-GL 文件

功能：用于关闭已打开的 HP-GL 文件。

导入 PLT 文件

功能：可以导入其他软件输出的 PLT 文件，再在该软件中进行排料。

根据布料分离样片

功能：用于将当前打开的唛架根据布料类型分为多床的唛架文件保存。
操作：① 打开或新建一个排料文件。
② 单击菜单【文档】→【根据布料分离样片】，弹出【根据布料分离样片】对话框。

③进行相关参数设置后单击【确定】按钮即可。

算料文件

功能：有新建单布号算料文件、打开单布号算料文件、新建多布号算料文件、打开多布号算料文件 4 个选项。如果要排的款式只有一种布料，就选择单布号算料文件；如果要排的款式有多种布料，就选择多布号算料文件。

操作：①单击菜单【文档】→【算料文件】→【新建单布号算料文件】。

②弹出【选择算料文件名】对话框，在【文件名】文本框中输入文件名，单击【保存】按钮，如图 5-3 所示。

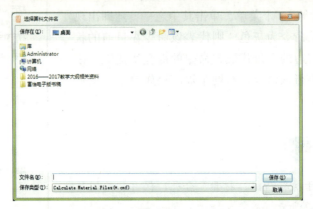

图 5-3

③弹出【创建算料文件】对话框，在【总套数】文本框中输入所需各码的套数。

④单击【自动分床】按钮，弹出【自动分床】对话框，输入每床需要摆放的套数及最大层数，选择一床内是否允许有相同号型，单击【确定】按钮，如图 5-4 所示。

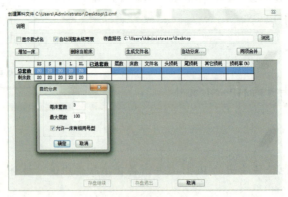

图 5-4

⑤回到【创建算料文件】对话框，单击【生成文件名】按钮，并为各床设置【头损耗】、【尾损耗】、【其他损耗】以及【损耗率】，单击【存盘继续】按钮。

⑥弹出【算料】对话框，单击【自动排料】按钮即可算出各床的【用布量】，如图 5-5 所示，然后单击【保存】按钮即可。

图 5-5

号型替换

功能：将文件中的部分号型替换成其他号型。

操作：① 单击菜单【文档】→【号型替换】。

② 弹出【号型替换】对话框，在【替换号型】栏下单击，弹出下拉菜单，选择要替换的号型，单击【确定】按钮即可，如图 5-6 所示。

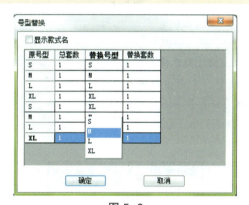

图 5-6

关联

功能：将已经排好的样片和"设计与放码系统"中的文件相关联，应用关联可以对已排好的唛架纸样自动更新，不需要重新排料。

操作：① 单击菜单【文档】→【关联】，弹出【关联】对话框，如图 5-7 所示。

② 选择原文件以及要关联的文件，单击【确定】按钮完成。

图 5-7

绘图→批量绘图

功能：同时绘制多床唛架。

操作：①单击菜单【文档】→【绘图】→【批量绘图】，弹出【批量绘图】对话框。

②单击【添加】按钮，把要绘制的唛架一次选中，打开后如图 5-8 所示。

③单击【开始绘图】按钮，唛架由上至下依次绘制。

图 5-8

输出位图

功能：用于将整张唛架输出为 BMP 格式文件，并附上一些唛架信息。

操作：①单击菜单【文档】→【输出位图】。

②弹出【输出位图】对话框，输入位图的宽度、高度，单击【确定】按钮即可，如图 5-9 所示。

图 5-9

2.【纸样】菜单

【纸样】菜单放置与纸样操作有直接关系的一些命令，如图 5-10 所示。

有些命令在工具匣有对应的快捷图标，请参阅后面工具匣介绍，这里介绍一下没有快捷图标的菜单。

图 5-10

内部图元参数

功能：修改一个纸样内部的剪口、钻孔等标记。

操作：① 单击唛架上的一个纸样。

② 单击菜单【纸样】→【内部图元参数】，弹出【内部图元】对话框，如图5-11所示。

③ 在对话框中设置相关参数，单击【关闭】按钮。

图 5-11

内部图元转换

功能：改变唛架上所有纸样中的某一种标记的属性。

操作：① 单击菜单【纸样】→【内部图元转换】，弹出【全部内部元素转换】对话框，如图5-12所示。

② 在对话框中设置相关参数，单击【关闭】按钮。

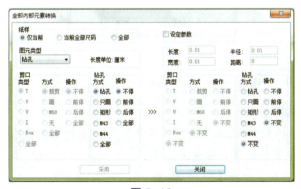

图 5-12

调整单纸样布纹线

功能：调整一个纸样的布纹线。

操作：① 单击菜单【纸样】→【调整单纸样布纹线】。

② 弹出【布纹线调整】对话框，单击上、下、左、右4个箭头可以移动布纹线的位置，单击【加长】、【缩短】按钮可以改变布纹线的长短，单击【上下居中】、【左右居中】按钮

可以让布纹线上下居中或左右居中。调整好后单击【应用】按钮，如图5-13所示。

③单击【关闭】按钮。

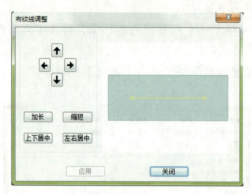

图5-13

调整所有纸样布纹线

功能：调整所有纸样的布纹线。

操作：单击菜单【纸样】→【调整所有纸样布纹线】，弹出【调整所有纸样的布纹线】对话框。勾选【上下居中】、【水平居中】复选框可以让所有纸样的布纹线上下居中或水平居中，如图5-14所示。

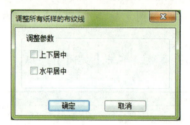

图5-14

设置所有纸数量为1

功能：将所有纸样的数量改为1。

操作：单击菜单【纸样】→【设置所有纸样数量为1】，纸样窗中所有纸样的数量都变成了1。

如果要改回以前的数量，做如下操作：

①单击【打开款式文件】按钮 。

②弹出【选取款式】对话框，单击文件名，再单击【查看】按钮。

③弹出【纸样制单】对话框，单击【确定】按钮，返回上一个对话框，单击【确定】按钮，就可以恢复以前的设置了。

3.【唛架】菜单

该菜单包含了与唛架和排料有关的命令,可以指定唛架尺寸、清除唛架、往唛架上放置纸样、从唛架上移除纸样和检查重叠纸样等操作,如图 5-15 所示。

有些命令在工具匣栏有对应的快捷图标,请参阅后面工具匣栏介绍,这里介绍一下没有快捷图标的菜单。

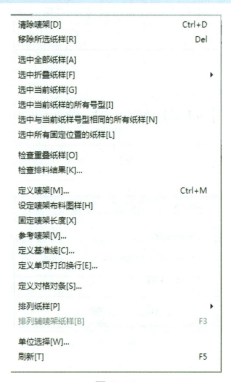

图 5-15

选中全部纸样

操作:单击菜单【唛架】→【选中全部纸样】,则唛架区域内所有的纸样将被选中。

选中折叠纸样

操作:该命令包括了 4 个选项,即折叠在唛架上端、折叠在唛架下端、折叠在唛架左端、折叠在唛架右端。

单击菜单【唛架】→【选中折叠样片】→【折叠在唛架上端】,则唛架区域内所有在唛架上端的折叠纸样将被选中。其他几个命令操作与此相同。

选中当前纸样

操作:单击菜单【唛架】→【选中当前纸样】,则唛架中的当前纸样被选中。

选中当前纸样的所有号型

操作：单击菜单【唛架】→【选中当前纸样的所有号型】，则唛架中当前纸样的所有号型都被选中。

选中与当前纸样号型相同的所有纸样

操作：单击菜单【唛架】→【选中与当前纸样号型相同的所有纸样】，则唛架中与当前纸样号型相同的纸样都被选中。

检查重叠纸样

操作：① 单击菜单【唛架】→【检查重叠纸样】，弹出【检测重叠纸样】对话框，如图5-16所示。

② 选择检测项目，单击【确定】按钮，弹出检查结果。

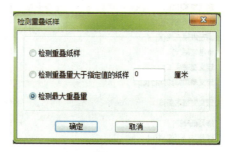

图 5-16

检查排料结果

操作：单击菜单【唛架】→【检查排料结果】，弹出【排料结果检查】对话框，如图5-17所示，看完后单击【关闭】按钮。

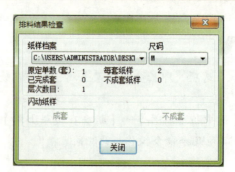

图 5-17

设定唛架布料图样

功能：显示唛架布料图案。

操作：①单击菜单【选项】→【显示唛架布料图样】。
②单击菜单【唛架】→【设定唛架布料图样】。
③弹出【唛架布料图样】对话框，单击【选择图样】按钮。
④弹出【打开】对话框，选择布料图案，单击【打开】按钮。
⑤单击【唛架布料图样】对话框中的【确定】按钮，如图5-18所示。

图 5-18

固定唛架长度

功能：固定唛架的长度。

操作：单击菜单【唛架】→【固定唛架长度】，唛架长度就会以当前纸样排列的长度计算。

要改变唛架的长度，单击【定义唛架】图标，弹出【唛架设定】对话框，在对话框中修改唛架的长度，单击【确定】按钮。

定义基准线

功能：用于在唛架上做上标记线，可作为排料时的参考线，也可使纸样以该线对齐。

操作：①单击菜单【唛架】→【定义基准线】。
②弹出【编辑基准线】对话框，单击【增加】按钮可在位置栏下弹出一个文本框，用键盘输入数值可确定一条基准线的位置，选中后单击【删除】按钮可删除该线。
③完成后单击【确定】按钮即可，如图5-19所示。

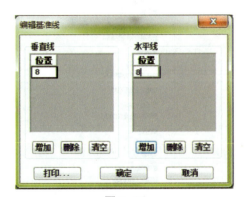

图 5-19

排列纸样

功能：可以将唛架上的纸样以各种形式对齐。

操作：① 选中唛架上要对齐的纸样。

② 单击菜单【唛架】→【排列纸样】，弹出的子菜单中包括【左对齐】、【右对齐】、【上对齐】、【下对齐】、【中点水平对齐】、【中点垂直对齐】6个选项，单击其中一项，唛架上的纸样就会以选择的对齐方式做出相应的变化。

排列辅唛架纸样

操作：单击菜单【唛架】→【排列辅唛架纸样】，辅唛架上原有的纸样会自动按号型排列。

> 注意：
> 此工具只有在辅唛架上有纸样时才能用。

刷新

功能：该工具用于清除在程序运行过程中出现的残留点，这些点会影响页面的整洁性。

操作：单击菜单【唛架】→【刷新】即可。

4.【选项】菜单

【选项】菜单包括了一些常用开关命令，如图5-20所示。

有些命令在工具匣栏有对应的快捷图标，请参阅后面工具匣栏介绍，这里介绍一下没有快捷图标的菜单。

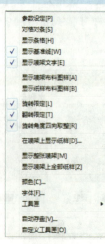

图 5-20

第二节 排料系统工具

对格对条

功能：勾选这项命令，在排料时必须按面料的条格花纹对位。

💡 **注意：**

该命令与【唛架】菜单中的【定义对条对格】命令结合使用。

显示条格

功能：勾选这项命令，在工作区显示已经设定的布料条格花纹。

显示基准线

功能：勾选这项命令，在工作区显示已经设定的基准线。

显示唛架文字

功能：勾选这项命令，在工作区显示唛架文字。

显示唛架文字

功能：勾选这项命令，在工作区显示唛架文字。

显示纸样布料图样

功能：勾选这项命令，在工作区的纸样上显示已经设定的布料图案。

旋转角度四向取整

功能：控制旋转纸样的角度。

操作：勾选这项命令时，当纸样被旋转到靠近0°、90°、180°、270°这4个方向附近（左右6°范围）时，旋转角度将自动靠近这4个方向之中最接近的角度。

在唛架上显示纸样

功能：在唛架上选择显示纸样的不同信息。

操作：①单击菜单【选项】→【在唛架上显示纸样】，弹出【显示唛架纸样】对话框，如图5-21所示。

②选择所需选项（选项左边如果有【√】标记，表示该选项被选中），单击【确定】按钮，选中的选项将显示在屏幕上并随档案输出。

第五章 服装CAD放码排料系统及功能应用

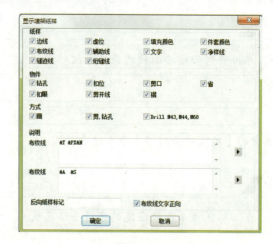

图 5-21

显示整张唛架

功能：勾选这项命令显示整个唛架。

工具匣

功能：这项命令包括多个选项，如图 5-22 所示，勾选不同的选项，则显示相应的工具匣。

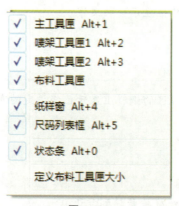

图 5-22

自动存盘

功能：在设定的时间内帮助用户保存文件。

操作：①单击菜单【选项】→【自动存盘】，弹出【自动存盘】对话框，如图 5-23 所示。

②勾选【设置自动存盘】复选框，在【存盘间隔时间】文本框内输入存盘时间，单击【确定】按钮即可。

第二节 排料系统工具

图 5-23

自定义工具匣

功能：添加自定义工具栏。

操作：①单击菜单【选项】→【自定义工具匣】，弹出【自定义工具】对话框，如图 5-24 所示。

②单击对话框左下角的下拉按钮，选择要设置的自定义工具栏。

③在右边的【可选工具栏】列表里选择要添加的工具图标，单击【增加】按钮，该工具图标就会出现在左边的【定制工具栏】列表框中，单击【向上】、【向下】按钮，可以让当前选中的工具图标向上或向下移动位置。

④单击【确定】按钮。

⑤设置好自定义工具栏后，还要在系统工具栏的空白处右击，在弹出的快捷菜单中勾选刚才设定的自定义工具栏，才能显示出来，如图 5-25 所示。

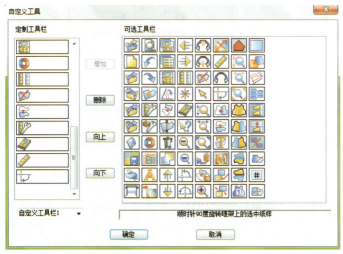

图 5-24

图 5-25

5.【排料】菜单

【排料】菜单包括一些与自动排料有关的命令，如图 5-26 所示。

停止

功能：单击该命令停止自动排料。

第五章

服装CAD放码排料系统及功能应用

开始自动排料

功能：单击该命令开始自动排料。

自动排料设定

功能：设定自动排料的速度。

操作：单击该命令，弹出【自动排料设置】对话框，设置排料速度，单击【确定】按钮，如图5-27所示。

定时排料

功能：设定自动排料的时间。

操作：单击该命令，弹出【限时自动排料】对话框，设置排料时间，单击【确定】按钮，如图5-28所示。

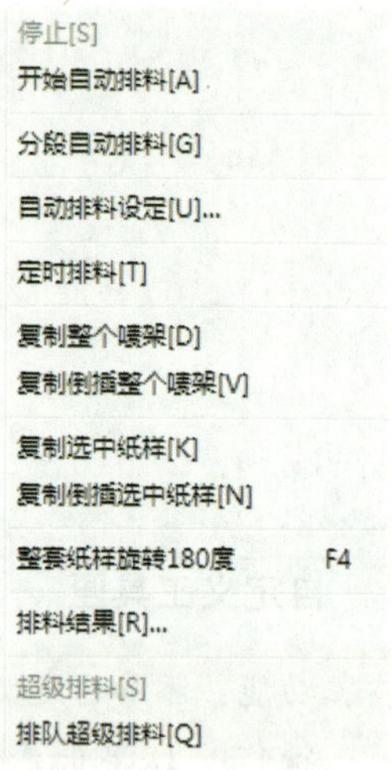

图5-26

图5-27

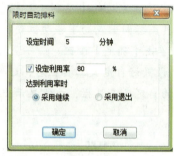

图5-28

复制整个唛架

功能：单击该命令，复制整个唛架上已经排放的纸样，剩下的未排纸样按已经排好的位置排列。

复制倒插整个唛架

功能：单击该命令，使剩余的纸样按照已排好的纸样的排列方式并且旋转180°排放，如图5-29所示。

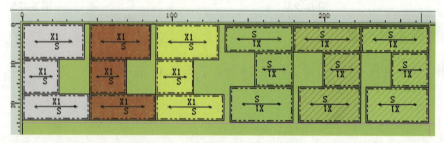

图5-29

复制选中纸样

功能：单击该命令，使选中纸样剩余的部分按照已排好的纸样的排列方式继续排列。

复制倒插选中纸样

功能：单击该命令，使选中纸样剩余的部分按照已排好的纸样的排列方式，旋转180°排放。

整套纸样旋转180°

功能：单击该命令，使选中纸样的整套纸样做180°旋转。

排料结果

功能：显示排料结果。

操作：单击该命令，弹出【排料结果】对话框，看完后单击【确定】按钮即可，如图5-30所示。

图 5-30

6.【计算】菜单

该菜单放置了与排料计算相关的命令，如图5-31所示。

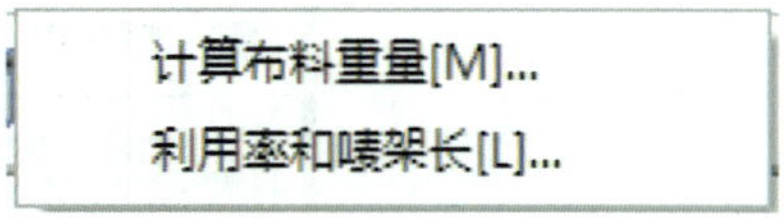

图 5-31

计算布料重量

功能：计算所用布料的重量。

操作：单击该命令，弹出【计算布料重量】对话框，输入【单位重量】，计算机自动算出布料重量（布宽×布长×层数×单位重量），如图5-32所示。

图 5-32

利用率和唛架长

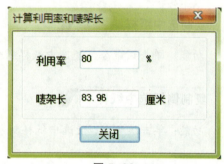

图 5-33

功能：计算利用率和唛架长。

操作：单击该命令，弹出【计算利用率和唛架长】对话框，输入【利用率】，计算机会自动算出布料长度，如图 5-33 所示。

7.【制帽】菜单

该菜单放置了与制帽排料相关的命令，如图 5-34 所示。

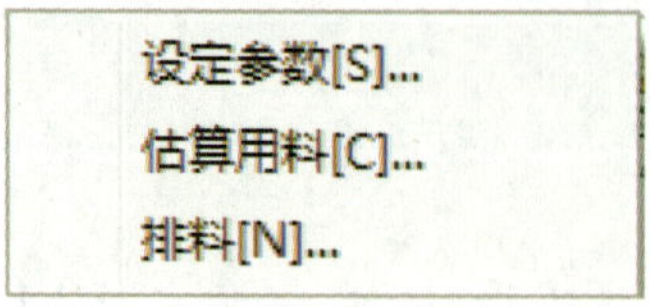

图 5-34

设定参数

功能：设定制帽排料的参数。

操作：单击该命令，弹出【参数设置】对话框，输入每个号型的数量或单位数量套数，双击【方式】栏下的【正常】选项，弹出下拉菜单，可选择不同的排料方式，如正常、倒插、交错等，如图 5-35 所示，单击【确定】按钮。

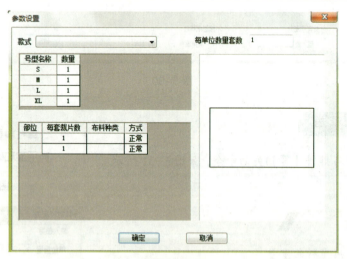

图 5-35

估算用料

功能：估算用布量。

操作：单击该命令，弹出【估料】对话框，单击【设置】按钮，可设定单位及损耗量，完成后单击【计算】按钮，可算出各号型的样片用布量。完成后单击【关闭】按钮，如图 5-36 所示。

第二节 排料系统工具

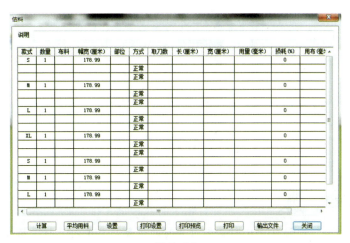

图 5-36

排料

功能：自动排料。

操作：单击该命令，弹出【排料】对话框，在对话框中选择相应的选项。完成后单击【确定】按钮，系统会自动排料，如图 5-37 所示。

图 5-37

8.【系统设置】菜单

本菜单的作用是显示语言版本，记住对话框的位置，如图 5-38 所示。

图 5-38

语言

功能：切换不同的语言版本。

操作：单击该命令，出现图 5-39 所示菜单，可选择所需语言。

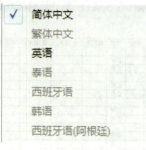

图 5-39

记住对话框的位置

功能：勾选此命令，则记住上次对话框打开时的位置，再次打开时对话框在上次的位置。

✂ 二、主工具匣工具介绍

主工具匣如图 5-40 所示。下面将分别介绍各图标的含义。

图 5-40

到 📂【打开款式文件】

功能：用该命令产生一个新的唛架，也可以向当前的唛架文档添加一个或几个款式。

操作：① 单击该工具图标，弹出【选取款式】对话框，如图 5-41 所示。

图 5-41

② 单击【载入】按钮，弹出【选取款式文档】对话框，单击要选择的文档，再单击【打开】按钮。

③ 弹出【纸样制单】对话框，如图 5-42 所示。在相应的文本框填入文字，并设置相应选项，单击【确定】按钮。

第二节　排料系统工具

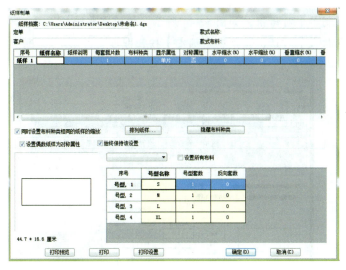

图 5-42

④ 返回【选取款式】对话框，单击【确定】按钮。

⑤ 如要删除已添加的款式，可在【选取款式】对话框架中选择要删除的款式，并单击【删除】按钮，再单击【确定】按钮。

【新建】

功能：产生新的唛架文件。

操作：① 单击该工具图标，弹出【唛架设定】对话框，如图 5-43 所示。

图 5-43

② 按需要设置选项，单击【确定】按钮。

③ 弹出【选取款式】对话框，单击【载入】按钮，弹出【选取款式文档】对话框，单击选中的文件，单击【打开】按钮。

149

④ 弹出【纸样制单】对话框，如图 5-44 所示。按照需要进行设置，单击【确定】按钮。

⑤ 返回【选取款式】对话框，单击【确定】按钮即可。

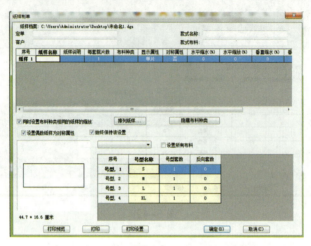

图 5-44

【打开】

功能：打开一个已经保存的唛架文档。

操作：① 单击该工具图标，弹出【开启唛架文档】对话框。

② 选择一个已有的唛架文档（唛架文档都有".mkr"扩展名），单击【打开】按钮即可。

【打开前一个文件】

【打开后一个文件】

【打开原文件】

【保存】

功能：保存当前文档。

操作：单击该工具图标即可保存当前文档。

【保存本床唛架】

功能：将一个文件分开几个唛架保存。

操作：单击该工具图标，弹出【储存现有排样】对话框，输入文件名，单击【确定】按钮，如图 5-45 所示。

图 5-45

第二节 排料系统工具

【打印】

【绘图】

功能：绘制1∶1唛架。

【打印预览】

【后退】

功能：撤销上一步操作。
操作：单击该工具图标可撤销上一步操作。

【前进】

功能：恢复下一步操作。
操作：单击该工具图标可恢复下一步操作。

【增加样片】

功能：给选中的纸样增加样片的数量，可以只增加一个号型纸样的数量，也可以增加所有号型纸样的数量。
操作：① 在尺码表选择要增加的纸样号型。
② 单击该工具图标，弹出【增加纸样】对话框，输入增加样片数量，单击【确定】按钮，如图5-46所示。

图 5-46

【选择单位】

功能：设定唛架的单位。
操作：单击该工具图标，弹出【量度单位】对话框，设置需要的单位，单击【确定】按钮，如图5-47所示。

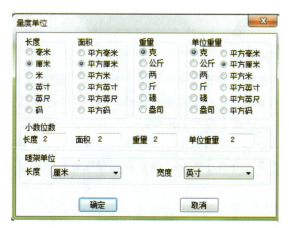

图 5-47

第五章

服装CAD放码排料系统及功能应用

【参数选择】

功能：改变系统一些命令的默认设置，包括【排料参数】、【纸样参数】、【显示参数】、【绘图打印】及【档案目录】5个选项卡。

操作：① 单击该工具图标，弹出【参数设定】对话框，如图5-48所示。

② 修改完后单击【应用】按钮，单击另一个选项卡进行修改，全部修改后，再单击【确定】按钮。

【颜色设定】

功能：改变本系统界面、纸样的颜色。

操作：单击该工具图标，弹出【选色】对话框，按需要选择颜色，单击【确认】按钮，如图5-49所示。

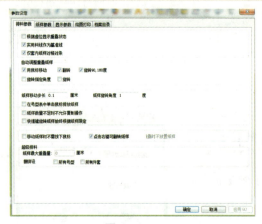

图 5-48

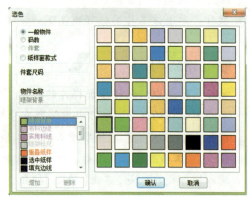

图 5-49

【定义唛架】

功能：设置唛架的长度与宽度等参数。

操作：单击该工具图标，弹出【唛架设定对话框】，按需要修改数据，单击【确定】按钮。

【字体设定】

功能：设定唛架显示的字体。

操作：① 单击该工具图标，弹出【选择字体】对话框，如图5-50所示。

② 在左边的列表框中选择要设置字体的选项，单击【设置字体】按钮，弹出【字体】对话框，设置所需的字体，单击【确定】按钮。

③ 在【字体大小限定（厘米）】下面输入字体的大小，单击【确定】按钮即可。

④ 如果单击【系统字体】按钮，系统会选择默认的宋体、规则、9号。

第二节 排料系统工具

【参考唛架】

功能：打开一个已经排列好的唛架作为参考。

操作：① 单击该工具图标，弹出【参考唛架】对话框，如图 5-51 所示。

② 单击对话框中的 图标，弹出【开启唛架文档】对话框，选择所需文件，单击【打开】按钮。

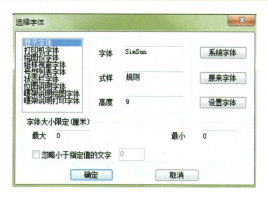

图 5-50

图 5-51

【纸样窗】

功能：单击该工具图标可以显示或隐藏纸样窗。

【尺码列表框】

功能：单击该工具图标可以显示或隐藏尺码列表。

【纸样资料】

功能：储存或修改纸样资料。

操作：① 单击尺码表中某一号型的纸样。

② 单击该工具图标，弹出【富怡服装CAD排料系统2000】对话框，如图5-52所示。

③ 单击相应的选项卡，按需要修改内容，单击【采用】按钮。

④ 3个选项卡中的内容都修改完后，单击【关闭】按钮。

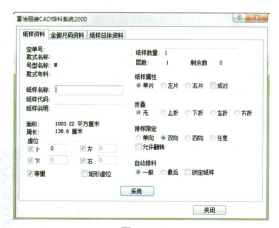

图 5-52

第五章 服装CAD放码排料系统及功能应用

【旋转纸样】

功能：旋转所选纸样。

操作：① 在尺码栏选择要旋转纸样的号型。

② 单击该工具图标，弹出【旋转唛架纸样】对话框，如图 5-53 所示。

③ 勾选【纸样复制】复选框，输入旋转角度，选择旋转方向，单击【确定】按钮，即可在纸样列表栏增加一个旋转的纸样。

【翻转纸样】

功能：翻转所选纸样。

操作：① 在尺码栏选择要翻转纸样的号型。

② 单击该工具图标，弹出【翻转纸样】对话框，如图 5-54 所示。

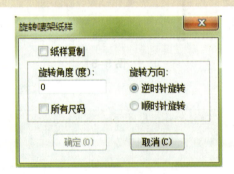

图 5-53

图 5-54

【分割纸样】

功能：分割并复制所选纸样。

操作：① 在尺码栏选择要分割纸样的号型。

② 单击该工具图标，弹出【剪开复制纸样】对话框，如图 5-55 所示。

③ 按需要选择水平或垂直分割，单击【确定】按钮，即可在纸样列表栏增加一个分割的纸样。

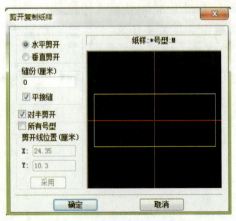

图 5-55

第二节 排料系统工具

【删除纸样】

功能：删除纸样窗中的纸样。

操作：① 单击尺码表中要删除的纸样号型。

② 单击该工具图标，弹出【富怡服装 CAD 排料系统 2000】对话框，询问"包括其他尺码吗？"，单击【是】或【否】按钮，如图 5-56 所示。

图 5-56

三、唛架工具匣 1 工具

唛架工具匣 1 如图 5-57 所示，用于放置可对唛架上的纸样进行选择、移动、旋转、翻转、放大、缩小、测量、添加文字等操作的工具。

图 5-57

【唛架宽度显示】

功能：显示唛架的宽度。

操作：单击该工具图标，排料唛架按唛架宽度显示，如图 5-58 所示。

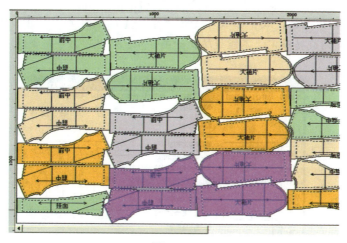

图 5-58

第五章 服装 CAD 放码排料系统及功能应用

【显示唛架上全部纸样】

功能：显示唛架上的全部纸样。

操作：单击该工具图标，排料唛架全部显示，如图 5-59 所示。

图 5-59

【整张唛架】

功能：显示整张唛架。

操作：单击该工具图标，显示整张唛架，如图 5-60 所示。

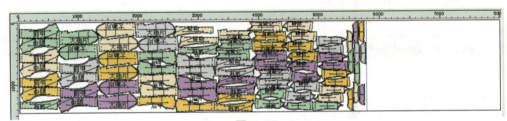

图 5-60

【旋转限定】

功能：可限制工具匣中【顺时针 90° 旋转】工具的操作。

操作：单击该工具图标，或单击菜单【选项】→【限定样片旋转】，图标凸起，纸样可 90° 随意旋转，反之则旋转限定，不能旋转，如图 5-61 所示。

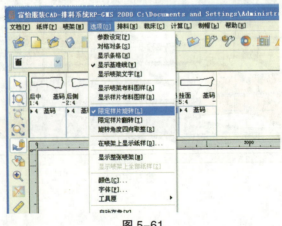

图 5-61

第二节 排料系统工具

【翻转限定】

功能：用于控制系统是否读取【纸样资料】对话框中的有关是否【允许翻转】的设定，从而限制工具匣中垂直翻转工具与水平翻转工具的操作。

操作：单击该工具图标，或单击菜单【选项】→【限定样片翻转】，图标凸起，纸样可垂直翻转与水平翻转，反之则翻转限定，不能翻转，如图5-62所示。

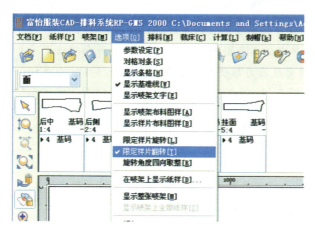

图5-62

【放大显示】

功能：对指定区域进行放大。

操作：单击该工具图标，在要进行放大的区域上单击或选择后释放鼠标。在放大状态下，右击可缩小到上一步状态，如图5-63所示。

图5-63

【清除唛架】

功能：用【清除唛架】工具可将唛架上的所有纸样从唛架上清除，并将它们返回到纸样列表框。

操作：单击该工具图标，或单击菜单【唛架】→【清除唛架】，在弹出的对话框内进行选择，可对唛架进行清除操作，如图5-64所示。

图5-64

第五章 服装CAD放码排料系统及功能应用

【尺寸测量】

功能：可测量唛架上任意两点间的距离。

操作：单击工具图标，在唛架上单击要测量的两点，测量所得数值显示在状态栏中，其中DX、DY分别为水平、垂直位移，D为直线距离。

【旋转唛架纸样】

功能：可对选中的样片按需要的任何角度进行旋转。

操作：选中样片，单击该工具图标，出现如图5-65所示对话框，在对话框里输入旋转的角度后再单击旋转方向，选中的样片就会进行相应旋转，如图5-65所示。

图 5-65

【顺时针90°旋转】

功能：对唛架上选中的纸样进行90°顺时针旋转。

操作：选中纸样，单击该工具图标或右击纸样，或按键盘数字键5，都可完成纸样90°旋转，如图5-66所示。

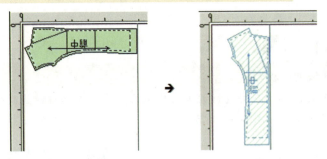

图 5-66

【水平翻转】

功能：对唛架上选中的纸样进行水平翻转。

操作：选中纸样，单击该工具图标或按键盘数字键9，都可完成水平翻转操作，如图5-67所示。

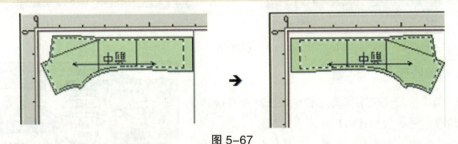

图 5-67

【垂直翻转】

功能：对纸样进行垂直翻转。

操作：选中纸样，单击该工具图标或按键盘数字键7，都可完成垂直翻转，如图5-68所示。

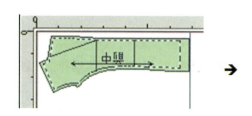 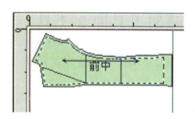

图 5-68

【样片文字】

功能：给唛架上的样片添加文字说明。
操作：选择该工具，再单击选中的纸样，在弹出的【文字编辑】对话框中输入文字，对文字的高度、角度、字体与纸样显示的号型进行设置，设置完毕，文字会按照设置移动到合适的位置，如图 5-69 所示。

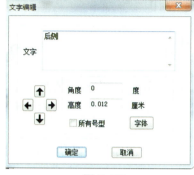

图 5-69

【唛架文字】

功能：在唛架上没有排放纸样的地方对唛架进行说明。
操作：操作同【样片文字】工具。

【成组】

功能：将两个或两个以上的样片组成一个整体样片，移动时可将两个样片一起移动。
操作：用纸样选择工具框选两个或两个以上的纸样（或配合 Ctrl 键单击选择），纸样呈选中状态时单击该工具图标，样片自动成组，如图 5-70 所示。

【拆组】

功能：成组工具的对应工具，起到拆组的作用，可将成组的样片分开。
操作：选中成组的样片，单击该工具图标，成组的样片自动拆组。在空白处单击，可以重新选择单个样片移动，如图 5-71 所示。

 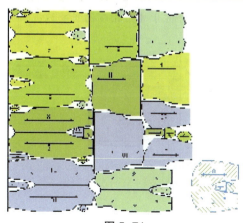

图 5-70　　　　　　　　　　图 5-71

第五章 服装CAD放码排料系统及功能应用

四、唛架工具匣2工具

唛架工具匣2如图5-72所示，该工具匣设置对料面模式，由折转方式选择主、辅唛架的对称的纸样进行折叠、展开等操作。

图 5-72

🔍【显示辅唛架宽度】

功能：显示辅唛架宽度。

操作：单击该工具图标，按辅唛架宽度显示，显示新建时设置好的唛架宽度。

🔍【显示辅唛架所有样片】

功能：显示辅唛架所有样片。

操作：单击该工具图标，显示辅助唛架上的所有样片。

🔍【显示整个辅唛架】

功能：显示整个辅唛架。

操作：单击该工具图标，显示整个辅唛架，显示新建时设置好的唛架宽度和长度。

【样片右折】、【样片左折】、【样片下折】、【样片上折】

功能：当对圆桶唛架进行排料时，可将上下对称的纸样向上折叠、向下折叠，将左右对称的纸样向左折叠、向右折叠。

操作：① 在唛架设定对话框中，将层数设为两层，料面模式设为相对，折转方式设为下折转。

② 单击上下对称的纸样，再单击【纸样上折】工具，即可看到纸样被折叠为一半，并靠于唛架相应的折叠边。

③ 同样，单击左右对称的纸样，再单击向左折叠或向右折叠工具，即可看到纸样被折叠为一半，并靠于唛架相应的折叠边，如图5-73所示。

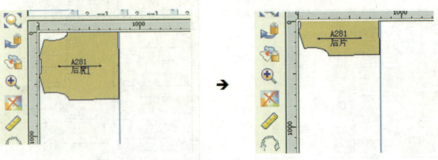

图 5-73

第二节 排料系统工具

🎽【展开折叠样片】

功能：将折叠的纸样展开。

操作：选中折叠纸样，单击该工具图标，即可看到纸样被展开，如图5-74所示。

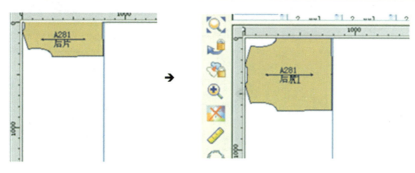

图5-74

🗂【裁剪次序设定】

功能：用于设定自动裁床裁剪衣片时的顺序。

操作：① 单击该工具图标，即可看到自动设定的裁剪顺序。

② 按住Ctrl键的同时，单击裁片，弹出【裁剪序号】对话框。

③ 在对话框栏内输入数值，即可改变裁片的裁剪次序。

④ 在【起始点】选项组中单击 << 或 >> 按钮可移动该纸样的切入起始点。

⑤ 勾选设置所有相同纸样，确定后再单击纸样，即可将所有相同纸样设置为相同的起始点，如图5-75所示。

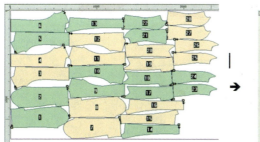 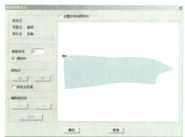

图5-75

🟦【画矩形】

功能：用于画出矩形参考线，并可随排料图一起打印或绘图。

操作：① 单击，松开鼠标拖动再单击，即可画一个临时的矩形框。

② 单击选择工具 ▶，将鼠标指针移至矩形边线，指针变成箭头时，右击，出现"删除"，单击"删除"就可以将刚才画的矩形删除了，如图5-76所示。

图5-76

【重叠检查】

功能：用于检查重叠纸样的重叠量。

操作：单击该工具图标，单击重叠的纸样就会出现纸样与其他纸样的最大重叠量，如图5-77所示。

图 5-77

【设定层】

功能：排料时如需要其中两片纸样部分重叠，可用该工具给这两个纸样的重叠部分进行舍取设置。

操作：选择该工具，设定绘出来的纸样为1（上一层），将可不要重叠部分的纸样设为2（下一层），绘图时，设为1的纸样可以完全绘出来，而设为2的纸样跟1纸样重叠的部分（图中显示灰色的线段）可选择不绘出来或绘成虚线，如图5-78所示。

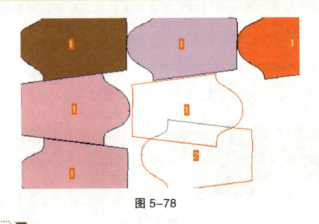

图 5-78

【制帽排料】

功能：确定纸样的排列方式，如正常、交错、倒插等。

操作：选中要排的纸样，选中该工具，弹出【制帽单纸样排料】对话框。在该对话框中可设置纸样的排料方式以及纸样是否等间距、只排整列纸样、显示间距。单击【确定】按钮后纸样可按设定的纸样排料方式进行排列，如图5-79所示。

图 5-79

第二节 排料系统工具

【主辅唛架等比例显示纸样】

功能：将主辅唛架上的纸样等比例显示出来。

操作：单击该工具图标，主辅唛架上的纸样会等比例显示出来，再单击该工具图标，可恢复到以前的比例。

【放置样片到辅唛架】

功能：将纸样框中的纸样放置到辅唛架。

操作：单击该工具图标，弹出【放置纸样到辅唛架】对话框，可按款式名或号型选择放置纸样。选择完毕后单击【放置】按钮，即可将所选号型放置到辅唛架，如图 5-80 所示。

图 5-80

【清除辅唛架样片】

功能：可将辅唛架上的纸样清除，并放回纸样窗内。

操作：单击该工具图标，即可将辅唛架上的纸样清除，并放回纸样窗内。

【切割唛架纸样】

功能：将唛架上纸样的重叠部分进行切割。

操作：选中需要切割的纸样，单击该工具图标，弹出【剪开纸样】对话框，在选中的纸样上显示着一条蓝色的切割线，在切割线的两端和中间各有一个小方框，拖动方框即可调整切割线，如图 5-81 所示。

【缩放纸样】

功能：对整体纸样进行放大或缩小。

操作：① 用该工具在需要放大或缩小的唛架纸样上单击。

② 弹出【放缩纸样】对话框，输入正数，原纸样会缩小，输入负数，原纸样会放大，如图 5-82 所示。

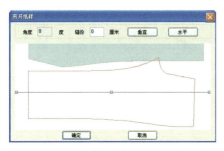

图 5-81

图 5-82

第三节
服装 CAD 排料应用

一、牛仔裤排料【自动排料】

自动排料操作步骤如下。

第一步：

双击桌面快捷方式图标【RP-GMS】，进入排料系统界面。新建排料图，单击【选择单位】按钮，弹出【量度单位】对话框，选择排料使用单位，如图5-83所示。

第二步：

单击【新建】按钮，弹出【唛架设定】对话框，设定唛架的宽度和长度，选择料面模式并输入唛架边界等，如图5-84所示。

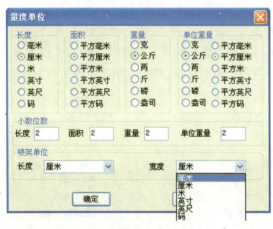

图 5-83

图 5-84

第三步：

弹出【选取款式】对话框，单击【载入】按钮，如图5-85所示。

图 5-85

第三节 服装 CAD 排料应用

第四步：

弹出【选取款式文档】对话框，选择"牛仔裤放码"文件，单击【打开】按钮，如图 5-86 所示。

第五步：

弹出【纸样制单】对话框，输入款式名称、号型套数，检查及修改纸样数据，单击【确定】按钮，如图 5-87 所示。

图 5-86

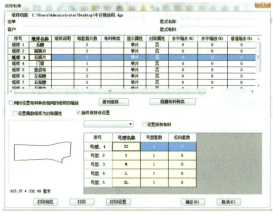

图 5-87

第六步：

单击菜单【排料】→【定时排料】，如图 5-88 所示，弹出【自动排料设置】对话框。

第七步：

排料结束后会弹出【排料结果】窗口，显示排料信息，如图 5-89 所示。

图 5-88

图 5-89

第八步：

单击【保存】按钮 ，弹出【另存唛架文档为】对话框，输入文件名称"牛仔裤－排料"，单击【保存】按钮，如图 5-90 所示。

165

第五章

服装CAD放码排料系统及功能应用

图 5-90

二、女衬衫排料【人机交互式排料】

人机交互式排料操作步骤如下。

第一步：

双击桌面快捷方式图标【RP-GMS】，进入排料系统界面。

第二步：

单击【打开】按钮，弹出【开启唛架文档】对话框，选择"女衬衫－排料"文件，单击【打开】按钮。

第三步：

单击唛架中的纸样，选中的纸样呈斜线填充，按住鼠标左键将纸样放在合适的位置后再放开，如图 5-91 所示。

第四步：

选中一张纸样，按住鼠标右键，移动鼠标指针形成一条直线后再放开，该纸样会沿着直线的方向自动靠紧已排纸样，如图 5-92 所示。

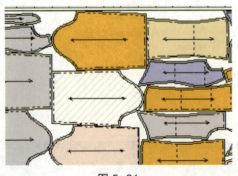

图 5-91

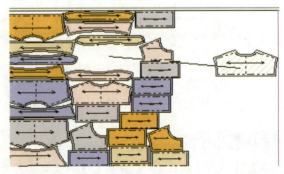

图 5-92

第三节 服装CAD排料应用

第五步：

排料完毕后，单击菜单【文档】→【另存】，保存唛架，可进行多次排料，选择面料利用率高的唛架进行生产。

✂ 三、女西服排料【手动排料】

手动排料操作步骤如下。

第一步：

双击桌面快捷方式图标【RP-GMS】，进入排料系统界面。

第二步：

单击【打开】按钮，弹出【开启唛架文档】对话框，选择"女西服－排料"文件，单击【打开】按钮。

第三步：

单击【清除唛架】按钮，弹出【富怡服装CAD排料系统2000】对话框，单击【是】按钮，如图5-93所示。唛架上的纸样全部回到纸样窗。

图 5-93

第四步：

单击【工具匣1】中的【纸样选择】工具，单击尺码表中需排放的号型，纸样自动放在唛架上，可根据排料的技术要求，利用【工具匣1】工具或键盘上的数字键功能可对纸样进行移动、旋转与翻转。

第五步：

排料时，一般先排大的样片，再排小的样片，尽可能地提高面料的利用率，如图5-94所示。

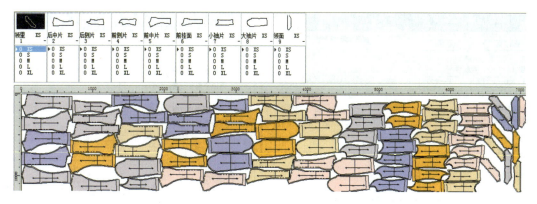

图 5-94

第五章

服装CAD放码排料系统及功能应用

四、女衬衫排料【对格对条排料】

对格对条排料操作步骤如下。

第一步：

双击桌面快捷方式图标【RP-GMS】，进入排料系统界面。

第二步：

单击【新建】按钮，弹出【唛架设定】对话框，设定唛架的宽度和长度，选择料面模式并输入唛架边界等。

第三步：

弹出【选取款式】对话框，单击【载入】按钮。

第四步：

弹出【选取款式文档】对话框，选择"牛衬衫-放码"文件，单击【打开】按钮。

第五步：

弹出【纸样制单】对话框，输入款式名称、号型套数，检查及修改纸样数据，单击【确定】按钮。

第六步：

单击菜单【唛架】→【定义条格对条】，弹出【条格设定】对话框，输入不同的数据可改变条格形状，单击【确定】按钮返回【对格对条】对话框，如图5-95所示。

第七步：

单击【对格对条】对话框中的【布料条格】按钮，弹出【条格设定】对话框，输入不同的数据可改变条格形状，如图5-96所示，单击【确定】按钮返回【对格对条】对话框。

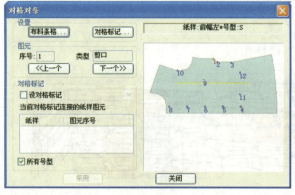

图5-95　　　　　　　　　　　　图5-96

第八步：

单击【对格对条】对话框中的【对格标记】按钮，弹出【对格标记】对话框，如图 5-97 所示。

图 5-97

第九步：

在【对格标记】对话框内单击【增加】按钮，弹出【增加对格标记】对话框，在【名称】文本框中设置名称如"a"（对腰位），单击【确定】按钮回到上一级对话框，继续单击【增加】按钮，设置"b"（对袋位），设置完之后单击【关闭】按钮，回到【对格对条】对话框，如图 5-98 所示。

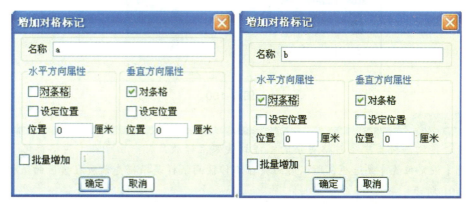

图 5-98

第十步：

在【对条对格】对话框中单击【上一个】按钮《《或【下一个】按钮》》，直至选中对格对条的标记剪口或钻孔（如前左幅的剪口3），在【对格标记】选项组中勾选【设对格标记】复选框并在下拉列表中选择标记 a，单击【采用】按钮。继续单击【上一个】按钮《《或【下一个】按钮》》，选择标记。

第十一步：

用相同的方法，在下拉列表中选择标记 b 并单击【采用】按钮，如图 5-99 所示。

第五章 服装CAD放码排料系统及功能应用

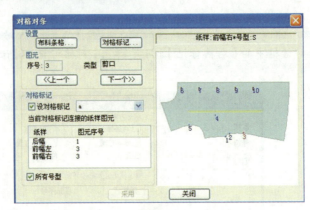

图 5-99

第十二步：

选中后幅，用相同的方法选中腰位上的对位标记，选中对位标记 a，并单击【采用】按钮，同样设置好袋盖，如图 5-100 所示。

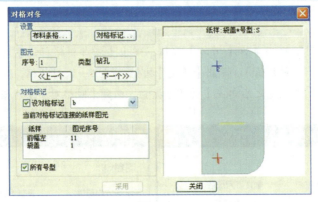

图 5-100

第十三步：

单击并拖动纸样窗中要对格对条的纸样到唛架上释放鼠标。由于在【对格标记】对话框中没有勾选【设定位置】复选框，所以后面放在工作区的纸样是根据先前放在唛区的纸样对位的，如图 5-101 所示。

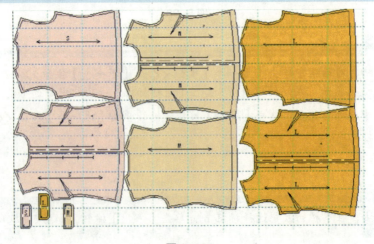

图 5-101